国家储备林建设重庆实践
——松材线虫病防控
与马尾松林改培

李留彬　王声斌　编著

重庆大学出版社

内容提要

本书全面总结了重庆市结合国家储备林建设,利用森林经营措施防控松材线虫病的探索实践。全书共分为9章,详细阐述了松材线虫病防治与马尾松林改培试点的方法路径、创新举措、经验模式和效益监测,并介绍了疫木处置与高值化利用方式,可为其他地区松材线虫病防控工作提供参考。

图书在版编目(CIP)数据

国家储备林建设重庆实践:松材线虫病防控与马尾
松林改培/李留彬,王声斌编著. -- 重庆:重庆大学
出版社,2024.12. -- ISBN 978-7-5689-5030-5

Ⅰ. S75

中国国家版本馆 CIP 数据核字第 2024WQ7125 号

国家储备林建设重庆实践

——松材线虫病防控与马尾松林改培
GUOJIA CHUBEILIN JIANSHE CHONGQING SHIJIAN
——SONGCAIXIANCHONGBING FANGKONG YU MAWEISONGLIN GAIPEI
李留彬　王声斌　编著
责任编辑:秦旖旎　　版式设计:秦旖旎
责任校对:刘志刚　　责任印制:张　策

*

重庆大学出版社出版发行
出版人:陈晓阳
社址:重庆市沙坪坝区大学城西路 21 号
邮编:401331
电话:(023)88617190　88617185(中小学)
传真:(023)88617186　88617166
网址:http://www.cqup.com.cn
邮箱:fxk@cqup.com.cn(营销中心)
全国新华书店经销
重庆升光电力印务有限公司印刷

*

开本:720mm×1020mm　1/16　印张:10　字数:179 千
2024 年 12 月第 1 版　　2024 年 12 月第 1 次印刷
ISBN 978-7-5689-5030-5　定价:98.00 元

作者简介

李留彬

男,汉族,55 岁,毕业于北京大学生物学系,获理学硕士学位。高级工程师,现任中国林业集团有限公司副总经理,北京林业大学 MBA 校外导师,国家储备林工程技术研究中心主任,国家林业和草原局第一届林草应对气候变化标准化技术委员会副主任委员,第一届林草工程建设标准化技术委员会委员。

王声斌

男,汉族,60 岁,中共党员,林学本科,中央党校研究生,武汉大学高级工商硕士,曾长时间从事"三农"、三峡移民及库区经济社会发展工作,曾分管林业保护修复、林业科技、产业发展等方面业务,现从事林业学会方面工作。

编委会成员

前　言

　　随着生态文明建设日益成为全球关注的焦点,森林资源的保护与可持续利用逐渐成为国家发展战略的重要组成部分。森林不仅是生态安全的基石,也是绿色发展和经济可持续增长的关键力量。面对日益严峻的生态环境挑战,国家在推动生态文明建设的过程中,对森林资源的保护提出了更加明确和高效的要求。党中央、国务院相继发布了一系列政策文件,推动国家储备林建设、松材线虫病防控及森林健康管理等多项工作,以确保森林资源的可持续利用。

　　依据中共中央、国务院《关于加快推进生态文明建设的意见》(中发〔2015〕12号),国务院办公厅《关于科学绿化的指导意见》(国办发〔2021〕19号)等重要文件精神,国家林业和草原局明确提出了国家储备林建设应当坚持"统筹规划、因地制宜,科学培育、生态优先,政府引导、市场运作"的原则,国家储备林战略的实施不仅强化了生态安全保障,也为实现森林资源的可持续管理与发展奠定了坚实基础。在此过程中,松材线虫病防控、马尾松林改培等技术实践成为国家林业建设中的重要任务。

　　在此背景下,重庆市积极响应国家号召,结合实际开展了国家储备林建设与森林保护相关的技术创新和实践探索。2020年以来,在国家林业和草原局、重庆市林业局的支持下,重庆市林业投资开发有限责任公司(简称"重庆林投公司")分别在重庆市梁平区、酉阳土家族苗族自治县和彭水苗族土家族自治县启动了"松材线虫病防治与马尾松林改培"和"松材线虫病防控与马尾松改造培育油茶"两个试点

项目。试点项目在贯彻"科学防控、系统治理、精准施策"理念的基础上,协调政府、企业和林农三方力量,实施疫木无害化处理、森林改培、林下经济发展等综合治理措施,成功推动 2 万余亩松材线虫病防控工作,提高了试点区域生态修复能力,带动了区域经济发展,尤其在松材线虫病防控和马尾松林改培的结合上,形成了一整套可推广的技术体系和操作规范。

为认真总结这些技术成果,重庆林投公司(国家林业草原国家储备林工程技术研究中心)决定启动"国家储备林建设重庆实践"系列丛书编写工作,旨在分享和推广重庆市在国家储备林建设、松材线虫病防控、森林可持续经营等领域的实践经验和技术创新。第一册详细介绍了国家储备林的规划、建设和管理框架,提出了立木储备、科学经营、绿色发展和机制创新等战略方针,为全市及全国范围内的森林资源保护与管理提供了有力的技术支持和政策依据。本书作为系列丛书的第二册,延续了第一册《国家储备林建设重庆实践》对国家储备林建设总体框架的深入探讨,进一步聚焦于松材线虫病防控和马尾松林改培的具体实践与技术创新,结合重庆市的实际情况,探讨了如何应对林业面临的病虫害威胁,尤其是松材线虫病的防控策略,以及如何通过马尾松林改培推动森林健康和可持续发展。

《国家储备林建设重庆实践——松材线虫病防控与马尾松林改培》不仅总结了重庆地区在松材线虫病防控和森林改培中的重要实践经验,展现了政府引导、企业参与、科研支持和社会力量协同合作的成功模式,也为其他地区在松材线虫病防控和森林经营方面提供了宝贵的借鉴,为实现生态文明建设目标、提升森林生态功能、保障国家生物安全提供了有力支撑,对于提升全国森林质量、推动绿色发展具有重要意义。本书通过翔实的案例和技术细节,期望为全国各地相关领域的技术人员、管理者和决策者提供重要的参考与指导。尽管本书已总结了部分实践成果,但结论与技术成果仍需进一步验证和完善。在此,我们诚挚邀请广大读者提出宝贵意见与建议,以促进该领域的进一步发展。

编写组

2024 年 10 月

目　录

【现状篇】 ………………………………………………………………… 1

第1章　重庆市国家储备林建设现状 …………………………………… 2

　1.1　重庆市国家储备林建设背景 …………………………………… 2

　　1.1.1　项目建设背景 …………………………………………… 2

　　1.1.2　建设单位情况 …………………………………………… 3

　1.2　重庆市国家储备林建设基本情况 ……………………………… 4

　　1.2.1　主要做法 ………………………………………………… 4

　　1.2.2　主要成效 ………………………………………………… 6

　　1.2.3　未来规划 ………………………………………………… 7

第2章　松材线虫病防治现状 …………………………………………… 8

　2.1　松材线虫病 ……………………………………………………… 8

　　2.1.1　松材线虫病病原 ………………………………………… 8

　　2.1.2　松材线虫病寄主植物 …………………………………… 9

　　2.1.3　松材线虫病的传播媒介 ………………………………… 9

　　2.1.4　松材线虫病的致病机理 ………………………………… 10

　2.2　松材线虫病发生规律 …………………………………………… 11

　　2.2.1　松材线虫病症状 ………………………………………… 12

　　2.2.2　松材线虫病的侵染循环 ………………………………… 13

2.2.3 松材线虫病的发生与环境因子的相互关系 ·············· 14

2.3 松材线虫病的发生与危害 ························· 16

2.3.1 国外松材线虫病发生历史与分布 ·············· 16

2.3.2 中国松材线虫病发生历史与分布 ·············· 17

2.3.3 重庆市松材线虫病发生历史与分布 ·············· 21

2.4 松材线虫病现有防治模式 ························· 22

2.4.1 松材线虫病监测调查 ························· 23

2.4.2 松墨天牛防治方式 ························· 23

2.4.3 国内外疫木处置方式 ························· 25

第3章 重庆市国家储备林马尾松林经营现状 ·············· 27

3.1 马尾松特征 ···································· 27

3.1.1 形态特征 ································· 27

3.1.2 环境特征 ································· 28

3.1.3 应用价值 ································· 28

3.1.4 地理分布 ································· 28

3.2 重庆市国家储备林马尾松林特征研究 ·············· 29

3.2.1 样地调查 ································· 29

3.2.2 数据分析方法 ····························· 30

3.2.3 马尾松林样地布设 ························· 34

3.2.4 马尾松林林分结构 ························· 35

3.2.5 马尾松林生物量特征 ························· 39

3.3 马尾松林经营模式 ······························ 44

3.3.1 马尾松林经营理论基础 ····················· 44

3.3.2 马尾松林的传统经营模式 ··················· 45

3.3.3 马尾松林近自然经营 ························· 48

【试点篇】 51

第4章 重庆市马尾松林改培试点工作 ···················· 52

4.1 试点基本情况 ·································· 52

4.1.1 松材线虫病防治与马尾松林改培试点 ·········· 52

4.1.2　松材线虫病疫情防控与马尾松改造培育油茶试点 ……… 54

4.2　试点保障措施 …………………………………………………… 56

4.2.1　加强领导，高位推动 ……………………………………… 56

4.2.2　注重宣传，有效引导 ……………………………………… 57

4.2.3　严格监督，依法管理 ……………………………………… 57

4.2.4　完善政策，加大投入 ……………………………………… 58

4.3　试点主要做法 …………………………………………………… 58

4.3.1　成立工作专班，落实各方责任 …………………………… 59

4.3.2　严格作业标准，保证工作质量 …………………………… 59

4.3.3　实施闭环管理，全面精准防治 …………………………… 60

4.3.4　坚持适地适树，探索科学经营 …………………………… 61

4.3.5　坚持改革创新，推动持续经营 …………………………… 62

4.4　试点主要模式 …………………………………………………… 62

4.4.1　科学防控模式 ……………………………………………… 62

4.4.2　系统治理模式 ……………………………………………… 63

4.4.3　森林可持续经营模式 ……………………………………… 65

4.5　试点主要成效 …………………………………………………… 66

4.5.1　有效控制疫情，生态功能提升 …………………………… 67

4.5.2　森林结构优化，抗逆能力增强 …………………………… 68

4.5.3　深化集体林权制度改革，带动林农增收 ………………… 69

第 5 章　马尾松林改培试点技术措施 ………………………………… 71

5.1　立地类型划分 …………………………………………………… 71

5.2　树种选择及配置模式 …………………………………………… 72

5.2.1　梁平区树种选择及配置模式 ……………………………… 72

5.2.2　酉阳县树种选择及配置模式 ……………………………… 78

5.3　造林技术措施 …………………………………………………… 80

5.3.1　梁平区造林技术措施 ……………………………………… 80

5.3.2　酉阳县造林技术措施 ……………………………………… 82

5.4　伐前准备 ………………………………………………………… 85

5.4.1　办理林木采伐许可证和集材道审批 ……………………… 85

　　　5.4.2　伐前公示 ···································· 85

　　　5.4.3　伐区拨交 ···································· 85

　　5.5　实施采伐 ·· 86

　　　5.5.1　科学号木 ···································· 86

　　　5.5.2　采伐作业 ···································· 86

　　　5.5.3　伐桩处理 ···································· 87

　　　5.5.4　运输 ······································· 87

　　5.6　伐后验收 ·· 87

　　　5.6.1　采伐验收合格证的发放 ························ 87

　　　5.6.2　伐后公开 ···································· 88

　　　5.6.3　伐区更新验收 ································ 88

　　5.7　集材道建设 ······································ 88

　　　5.7.1　总体思路 ···································· 88

　　　5.7.2　设计标准 ···································· 88

　　　5.7.3　建设方案 ···································· 89

第6章　马尾松林改培试点项目管理 ······················· 92

　　6.1　项目进度管理 ···································· 92

　　　6.1.1　施工计划的实施 ······························ 93

　　　6.1.2　施工进度检查与调整 ·························· 93

　　　6.1.3　进度管理分析与总结 ·························· 93

　　6.2　项目物料管理 ···································· 94

　　　6.2.1　苗木管理 ···································· 94

　　　6.2.2　肥料管理 ···································· 96

　　6.3　项目质量管理 ···································· 97

　　　6.3.1　施工准备阶段的质量控制 ······················ 98

　　　6.3.2　施工阶段的质量控制 ·························· 98

　　　6.3.3　竣工验收阶段的质量控制 ······················ 99

　　6.4　项目安全管理 ···································· 99

　　　6.4.1　施工项目安全管理规划 ························ 99

　　　6.4.2　安全管理规划实施 ···························· 100

6.4.3　安全检查 ··· 100

6.5　项目验收管理 ··· 102

6.5.1　检查验收准备 ·· 102

6.5.2　样方设置和样本数量的确定 ··························· 102

6.5.3　检查验收内容 ·· 103

6.6　项目档案管理 ··· 105

6.6.1　档案内容 ·· 105

6.6.2　档案管理要求 ·· 105

【成效篇】 ··· 106

第7章　马尾松林改培效益监测 ·························· 107

7.1　松材线虫病监测 ·· 107

7.1.1　调查研究方法 ·· 108

7.1.2　布设诱捕器 ·· 108

7.1.3　取样调查 ·· 108

7.1.4　样品检测 ·· 109

7.1.5　数据处理 ·· 109

7.2　改培成效长期监测 ··· 109

7.2.1　主要目标 ·· 109

7.2.2　主要任务 ·· 110

7.2.3　技术方法 ·· 111

7.3　短期监测结果 ··· 123

7.3.1　松材线虫病防治成效监测 ······························ 123

7.3.2　林分生长情况监测 ·· 126

7.3.3　群落物种多样性监测 ····································· 127

第8章　马尾松林改培疫木处置与利用 ················ 129

8.1　疫木运输 ·· 129

8.2　疫木无害化处置 ·· 130

8.2.1　粉碎（削片） ·· 130

8.2.2　旋切处理 ·· 130

8.2.3　钢丝网罩处理 …………………………………………… 131

8.2.4　热处理 …………………………………………………… 131

8.3　疫木利用 ……………………………………………………… 131

第9章　展望 ………………………………………………………… 133

9.1　木材高值化利用 ……………………………………………… 133

9.1.1　木材炭化处理 …………………………………………… 134

9.1.2　重组木 …………………………………………………… 135

9.2　科技项目申报 ………………………………………………… 136

9.3　试点成果推广 ………………………………………………… 136

参考文献 ……………………………………………………………… 137

附　录 ………………………………………………………………… 140

附录1　松材线虫常见寄主植物名录 …………………………… 140

附录2　松材线虫的媒介昆虫种类 ……………………………… 145

【现状篇】

第1章 重庆市国家储备林建设现状

1.1 重庆市国家储备林建设背景

1.1.1 项目建设背景

近年来,党中央、国务院高度重视林业生态建设和国家储备林建设。2017年1月,国家发展改革委、国家林业局和国家开发银行、中国农业发展银行《关于进一步利用开发性和政策性金融推进林业生态建设的通知》(发改农经〔2017〕140号),提出要进一步加大国家储备林基地建设,保障国家储备林基地建设资金。2016年以来,习近平总书记三次赴重庆考察,要求重庆"建设长江上游重要生态屏障,推动城乡自然资本加快增值,使重庆成为山清水秀美丽之地"。生态文明建设是关系中华民族永续发展的根本大计。党的二十大报告指出:"推动绿色发展,促进人与自然和谐共生。必须牢固树立和践行绿水青山就是金山银山的理念,站在人与自然和谐共生的高度谋划发展。"增加森林资源面积蓄积,实现森林资源的永续利用,打造林业绿色经济体,推进林业现代化建设,引导应对气候变化国际合作,对生态文明建设具有重要意义。

从木材供需平衡来看,我国当前的森林资源总量不足、森林质量不高的状况仍

然存在,木材供需矛盾日益凸显。近年来,随着我国经济社会的发展,对木材的刚性需求不断加大。作为全球第二大木材消耗国和第一大木材进口国,我国木材消耗总量不断增加,2017 年原木和锯材的木材进口首次突破一亿立方米,达到10 849.7 万 m^3。但木材及木质林产品对外依存度连续多年接近50%,其中原木和锯材年进口量占国际贸易量的1/3 以上,大径级原木和锯材进口量年均增长9.54%,并且品种高度集中,主要为樟木、楠木、柚木、红木、红松等珍稀树种,约占总进口量的50%。随着多个国家加入《濒危野生动植物种国际贸易公约》,限制或禁止珍稀和大径级原木出口,从国外进口面临断供风险,国内木材供需矛盾突出,维护木材安全非常紧迫。

重庆直辖以来,森林面积迅速增加,生态环境得到改善,但也存在一些不可忽视的问题,例如森林经营粗放、森林结构不合理、松材线虫病蔓延等。国家储备林项目是国家支持储备林战略建设而出台的政策性贷款项目,旨在通过构建国家木材安全保障体系,缓解木材供需矛盾,保障我国木材安全,维护生态安全,推动林业建设高质量发展。因此,为了提高现有林分质量,在重庆市推进林业生态建设和国家储备林基地建设,增加森林资源储备,对长江流域及三峡库区的森林生态建设、构建长江经济带绿色生态廊道具有十分重要的现实意义。

1.1.2 建设单位情况

重庆地处长江上游、三峡库区腹心,是长江上游重要生态屏障的最后一道关口,生态区位十分重要。重庆市委、市政府围绕筑牢长江上游重要生态屏障、建成山清水秀美丽之地目标,部署实施全市国土绿化提升行动。市林业局、市财政局落实市委、市政府工作要求,既充分发挥财政资金"四两拨千斤"的作用,同时又争取改革的办法,调动社会的力量,运用市场化机制,聚合各方力量共同推进全市林业生态建设,得到市委、市政府的充分肯定。2018 年 8 月,重庆市政府与中国林业集团有限公司(以下简称"中林集团")签署战略合作协议,引入中林集团共同谋划国家储备林建设及林业产业发展。2019 年 1 月,市政府与国家林业和草原局(以下简称"国家林草局")、国家开发银行共同签署《支持长江大保护 共同推进重庆国家储备林等林业重点领域发展战略合作协议》,共同推进重庆国家储备林项目建设。确定重庆市为国家储备林基地项目重点合作省份,支持重庆市先期实施国家储备林基地建设 500 万亩(1 亩 ≈ 666.67 m²)。

为加快推动重庆市林业生态建设暨国家储备林项目落地,2019 年 5 月,以中林集团为主导、重庆市林业局及重庆市 13 个区县参与重组的重庆市林业投资开发有限责任公司(以下简称"重庆林投公司")正式挂牌运行。重庆林投公司首期注册资本金 30 亿元,其中中林集团出资 13.5 亿元,占股 45%;重庆市林业局资产作价出资 1.6 亿元,占股 5.33%;城口、梁平、奉节等 12 个区县和万盛经开区以国有商品林作价出资 14.9 亿元,占股 49.67%,中林集团与出资最多的奉节县(占股10%)签署一致行动人协议实现相对控股。央地合作以重庆林投公司作为承接国家开发银行政策性贷款的市场化投融资平台,推进全市 500 万亩国家储备林项目建设,并以此为载体,推动林业生态全产业链建设,经营范围主要包括种苗花卉、造林绿化、森林经营、国家储备林建设、林下经济、林产品加工贸易等。

1.2 重庆市国家储备林建设基本情况

1.2.1 主要做法

重庆国家储备林建设,充分发挥"政府主导、银行主推、企业主体、农民主力"作用机制,以市场化手段探索推进、精心打造全国储备林建设样板。

政府主导、高位推动。市委、市政府高度重视,将建设国家储备林定位为保障国家木材安全的现实需要、提升森林质量的务实之策、转化林业价值的创新之举,深化认识,鼎力落实推动。强化顶层设计,与国家林草局、国家开发银行签署战略合作协议,发挥三方作用共同推动项目落地。将国家储备林建设纳入深入实施成渝地区双城经济圈建设十大行动的重要内容,作为市政府百项重点关注项目,作为具有重庆辨识度的项目统筹打造,并纳入林长制工作考核和"生态报表"晾晒内容。

创新机制、规范运行。一是实施央地共建,通过"央地合作、优势互补、资产重组、互利共赢",坚持政企联动,推动各自发挥优势,实现政府办林业向市场办林业

的动力转换。二是实施立体对接,市林业局和有关区县政府均成立国家储备林项目领导小组及办公室,市林业局、国家开发银行重庆市分行、重庆林投公司建立三方联席会议制度;完善链接机制,重庆林投公司与18个区县政府签订战略合作协议,签约国家储备林建设,与8个区县政府平台公司成立8家合资公司,作为区域内项目建设推动主体,充分调动区县参与建设的积极性。三是实施政策联动,市发展改革委、市林业局、市财政局联合印发《关于加快推进重庆市国家储备林建设的通知》,优先给予林业重点工程项目投资安排。市林业局和有关区县政府均成立国家储备林项目领导小组及办公室,市林业局、国家开发银行重庆市分行、重庆林投公司建立联席会议制度,多方联动为项目建设赋能。

聚焦主业、强化支撑。一是完善支撑体系,重庆林投公司牵头健全国家储备林管理办法、标准和规范,建立从林地收储到基地验收一套系统完整、可复制推广的管理体系,科学选择优良乡土树种,推广营造林先进适用技术,形成"良种+良法+良肥"的基地培育模式。结合"数字重庆"推进国家储备林森林经营管理平台建设,探索管理、实施、监督、评价的数字化和智能化。二是搭建科创平台,重庆林投公司创建"国家林业草原国家储备林工程技术研究中心",建立市级博士后科研工作站,推进林草种质资源创制、林木良种、优质森林培育、松材线虫病防治等方面的科技研发、标准制定和成果转化等工作,着力提升能级。三是注重先行先试,积极探索以农村"三变"改革为抓手,推进集体林地经营权流转。探索国有林以入股、合作经营等形式参与国家储备林建设,提升资源利用率。开展2万亩松材线虫病防治与马尾松林改培和5 000亩松材线虫病防控与马尾松改造培育油茶两项国家试点,积极创新马尾松纯林改造模式,大力拓展油茶产业发展空间。

以民为本、富民惠农。尊重群众意愿,通过问计于民、问需于民、问效于民,规范、公开、透明推进项目运行,解林农所盼所期,充分保护群众利益。2019年在革命老区城口县率先试点,遵照"依法、自愿、有偿"原则,开好县级动员会、乡镇落实会及村民院坝会,制定林地收储管理导则、工作手册和宣传手册等图文资料强化政策宣传,动员林农将承包的集体林地委托村集体经济组织经营管理,村集体经济组织统一将林地流转给重庆林投公司开展国家储备林建设。建立联农带农利益联结机制,探索"林地流转+采伐分成"模式。按照一定标准分年支付林地流转费用给原林权承包林农以及村集体经济组织;对流转林地进行经营性采伐后获得经济收益时,按一定标准进行采伐分成,并给到林农以及村集体经济组织。通过"基础建设带动、林地流转收益、就近就业务工、林木采伐分成、林业产业助力"拓展增收路径,积极吸纳项目区内林农直接参与种苗培育、抚育采伐、清林整地、造林管护等生产经营活动增加现金收入,实现以林养农、以林富农。按照"大基地+大产业"发展思路,探索"自营自建""短期无偿提供林地,支持市场主体参与""以林地资源为媒介,引入市场主体合作共建"三种模式发展林下产业,发挥森林立体空间效益,每个区县布局一个骨干产业。

1.2.2　主要成效

重庆国家储备林建设从质量提升、机制创新、试点示范、科技赋能、生态惠民等五个方面,着力提升森林质量、转化林业价值、助力乡村振兴,努力打造全国储备林建设样板。

实现规模质量双增。通过集体林地收储、国有林地入股等方式,多元推进国家储备林资源聚集,截至2024年12月底,公司完成林地收储330万亩,破解传统林业经营资源分散、技术支撑弱、产业匹配难的痛点,推动经营向规模化、集约化、专业化、产业化方向转变,重构林业产业发展格局。开展集约人工林栽培、现有林改培、中幼林抚育150余万亩,通过监测,储备林项目区实施森林经营后,森林质量大幅提升,每亩林木年平均生长量比全市平均水平高50%以上。

推动林业产业发展。建设国家储备林苗圃7个、年产优质苗木1 000万株,修建林区公路等基础设施200余千米。鼓励各类市场主体大力推进"储备林+",建成油茶、油橄榄基地,开展林下种植天麻、淫羊藿、老鹰茶、食用菌,配套开发城口天麻、酉阳蜂蜜、合川橄榄油等特色林产品,推进全市首个国家储备林"碳惠通"项目第一批减排量备案签发工作,推动"山上有林、林下有业"的森林空间立体功能利用,夯实重庆围绕森林"钱库""粮库"不断培育的支柱产业,提质一产,做优二产,培育三产,促进一、二、三产业融合发展。

带动林农致富增收。重庆国家储备林建设已支付林农林地流转和营造林务工费用,受益林农约32.75万户,其中林地流转带动林农约30.88万户,解决914个村社集体经济组织收入"空壳"问题,激发了村社集体经济组织的积极性,探索了新型农村集体经济发展路径。以城口县为例,全县累计收储林地58万亩,每年兑付村社集体和农户流转费用,营造林和林下产业等项目每年解决就业10余万人次,增加农户劳务收入2 000万元以上。随着产业项目的布局和稳步推进,带动林农增收能力全面提升,有力助推地方实现巩固拓展脱贫攻坚成果同乡村振兴有效

衔接,推动绿水青山向金山银山的转换。

发挥试点示范作用。重庆市林业生态建设暨国家储备林项目是全国首个央地合作、林业全产业链布局、以市场化手段实施的国家储备林项目。项目采用机制、政策、科技、试点示范成体系推进方式,建立完善的运行管理机制、政策保障体系、质量管理体系、科技支撑体系,在促进乡村振兴、强农富民、生态建设等方面发挥了重要作用,为全国储备林建设探索可复制、可推广的经验和模式,被誉为国家储备林建设的"重庆方案",全国 20 多个省(区、市)先后到重庆实地考察交流,中央电视台、新华社、中国绿色时报、绿色中国杂志等媒体重点报道。2021 年 7 月,时任国家林草局局长关志鸥会见重庆市政府分管领导,要求重庆打造全国储备林建设样板。2023 年 7 月,关志鸥局长会见时任重庆市政府副市长商奎,充分肯定重庆国家储备林建设取得的成效。

1.2.3　未来规划

重庆市国家储备林项目建设具有周期性长,生态性、公益性、社会性强和投资回报率低的特点。项目建设路径为:提质一产,做优二产,培育三产,促进一、二、三产业融合发展,把金山银山的转化路径做通畅,保持项目的可持续性和建设连续性。从整体看,重庆国家储备林建设五年的探索取得了一定的成绩,尤其是在林业生态建设、产业推动和乡村振兴方面发挥了重要作用,但纯企业市场化建设的条件并不完全成熟,全周期、全产业链的建设发展体系还不健全。由于重庆的地理位置特殊、气候独特,相比其他南方地区,森林立地条件和水热条件有限,还需要摸索科学开展森林可持续经营的路径,应对松材线虫疫病以及极端高温可能引起的森林火灾等情况。因此,项目在建设期及运营初期内急需国家政策、项目及资金的共同支持,将培育健康森林、森林保护放在重要位置,同时建立健全相关产业体系,发掘并实现林木的利用价值。未来将继续在重庆市各区县开展国家储备林建设、林业生态建设,强化林木苗圃配套建设,同步建设木材储存加工贸易配套设施,并开展林业多种经营,实施林下种植及森林多功能经营利用建设,提高林地单位面积经济效益,同时巩固松材线虫病防治与马尾松林改培试点成果,健全监测管理体系。大力推动重庆市国家储备林项目长期可持续发展,将为建设美丽重庆,筑牢长江上游重要生态屏障发挥重要作用。

第2章 松材线虫病防治现状

2.1 松材线虫病

松材线虫病,又名松树萎蔫病,是由松材线虫(*Bursaphelenchus xylophilus*)引起的具有毁灭性的森林病害,属中国重大外来入侵物种,已被中国列入对内、对外的森林植物检疫对象。

2.1.1 松材线虫病病原

(1)分类

松材线虫(*Bursaphelenchus xylophilus*),属于线形动物门滑刃目滑刃总科滑刃科伞滑刃属。

(2)分布

松材线虫源自北美洲,目前分布于美国、加拿大、墨西哥、韩国、日本、葡萄牙、西班牙等多个国家。在中国江苏、辽宁、浙江、安徽、福建、江西、湖北、湖南、广东、广西、山东、四川、重庆、贵州、陕西、吉林、海南、河南等18个省(自治区、直辖市)。

2.1.2　松材线虫病寄主植物

松材线虫可寄生于 108 种植物,其中松属植物 57 种(附录 1)。目前我国可自然感染松材线虫病的松树种类有 17 种,分别为松属 *Pinus* 和落叶松属 *Larix*,其中松属 14 种,分别为日本黑松(*P. thunbergii*)、日本赤松(*P. densiflora*)、马尾松(*P. massoniana*)、琉球松(*P. luchuensis*)、白皮松(*P. bungeana*)、黄山松(*P. hwangshanensis*)、湿地松(*P. elliottii*)、卡西亚松(*P. kesiya*)、云南松(*P. yunnanensis*)、火炬松(*P. taeda*)、华山松(*P. armandii*)、红松(*P. koraiensis*)、油松(*P. tabuliformis*)、樟子松(*P. sylvestris* var. *mongolica*);落叶松属 3 种,分别为长白落叶松(*L. olgensis*)、日本落叶松(*L. kaempferi*)、华北落叶松(*L. gmelinii* var. *principis-rupprechtii*)。除了火炬松、湿地松和白皮松外,我国或亚洲的其余乡土松种均为松材线虫高度感病或中度感病树种,也就是说我国南北大面积分布的主要乡土松种[除樟子松(*P. sylvestris* var. *mongolica*)尚未见感病外]大多易感染松材线虫病。

2.1.3　松材线虫病的传播媒介

全球范围内携带松材线虫的载体有很多,但已证实可作为传播媒介的昆虫只有 7 种,全部为天牛科墨天牛属(*Monochamus*)种类(附录 2)。其中东亚地区分布的主要媒介昆虫有松墨天牛(*M. alternatus*)和云杉花墨天牛(*M. saltuarius*),最早是在日本发生,逐渐传入中国。在亚洲,马尾松、黑松、赤松所在的林区内,松墨天牛是主要的媒介昆虫;樟子松、红松所在的林区内,云杉花墨天牛为主要的媒介昆虫。在我国松材线虫病已经发生的区域,绝大多数地区传播媒介是松墨天牛。

(1)分类

松墨天牛(*Monochamus alternatus*),又名松褐天牛、松天牛,属节肢动物门鞘翅目天牛科沟胫天牛亚科沟胫天牛族墨天牛属,属于东洋区种类。

(2)寄主

松墨天牛的寄主范围相当广泛,它与松材线虫有着共同的寄主,主要寄主也是

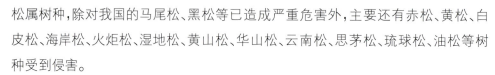

松属树种,除对我国的马尾松、黑松等已造成严重危害外,主要还有赤松、黄松、白皮松、海岸松、火炬松、湿地松、黄山松、华山松、云南松、思茅松、琉球松、油松等树种受到侵害。

松墨天牛除了可传播松材线虫病,引起松林大面积死亡外,其本身对寄主也有很大危害。松墨天牛成虫通过啃食松树的嫩枝皮部而导致寄主植物长势衰弱,幼虫钻蛀长势衰弱树木的韧皮部及木质部,切断输导组织,影响水分和养分运输,可造成树木枯死。

(3)分布

松墨天牛在我国的分布十分广泛,在北纬40°以南地区都有分布,包括北京、河北、山西、陕西、甘肃、山东、河南、重庆、四川、西藏、湖北、江西、安徽、江苏、浙江、福建、湖南、广东、广西、云南、贵州、上海、台湾、香港等地。

(4)传播规律

在蛹室中羽化后的成虫约经 4~8 d,通过羽化孔从树体内爬出,出孔后的成虫即可爬行或飞行,然后飞至寄主取食健康松树枝条补充营养,在这个时期将其携带的松材线虫传播到了健康松树上。

作为松材线虫的重要传播媒介,松墨天牛的发生与松材线虫有着密切的关系,松墨天牛喜欢在感染了松材线虫的树上产卵。目前在我国的松材线虫罹病区内大部分都有松墨天牛的发生,松墨天牛种群密度越大,松材线虫病的危害越严重,松材线虫病的蔓延又成为松墨天牛种群发生发展的温床。

2.1.4　松材线虫病的致病机理

对于松树来说,松材线虫病是一种毁灭性病害且防治困难,目前暂没有一种行之有效的防治方法。主要是因为,造成松树萎蔫的过程十分复杂且松材线虫的致病机制尚不明确。考虑到疫区的生态环境、松材线虫在松树体内的微生态环境和松树内部微生物群落的关系,解释这样一个复杂的过程并不容易。关于松材线虫的致病机理,目前主要有三种学说,分别是:①酶学说:有学者在松材线虫的虫体浆和分泌液中,提取到了使得松树薄壁细胞的细胞壁酶解的纤维素酶,并提出造成松

树萎蔫,可能是松材线虫分泌的各种对薄壁细胞有害的酶类,使得薄壁细胞不能发挥正常功能,由此阻碍松树对水分及养分的吸收,最终造成松树萎蔫;②空洞化学说:植物的化学防御机制可以在其受到外界胁迫伤害时,分泌合成一些代谢产物,帮助自身免遭胁迫。研究人员发现,随着松材线虫的侵染和定殖,松树体内大量分泌蒎烯类化合物。这类物质具有很强的疏水性而且容易汽化。此时,对于这类物质松树无法自身降解并且会渗入木质部的管胞形成空穴,导致松树无法进行水分运输,最终松树由于缺水死亡;③毒素学说:研究人员发现,受到松材线虫侵染的松树寄主,在没有松材线虫的部位也能发生病变,并且还检测到正常松树体内没有的有毒物质。研究人员认为是这些有毒物质造成了松树的死亡。这些毒素的具体来源目前存在争议,部分研究者认为可能来自松树寄主的异常代谢物,如苯甲酸、8-羟基香芹酮、邻苯二酚等,而另一部分研究者认为可能是松材线虫的伴生细菌产生的毒素,如螯铁蛋白、致萎毒素等。结合上述三种致病学说,松材线虫病发生的直接原因和特征事件就是树体内的空洞化导致水分运输受阻。正是由于松材线虫的入侵,松树自身的化学防御机制响应使得树体内大量分泌积累蒎烯类物质,这类物质汽化后进入管胞形成栓塞,最终造成松树的空洞化。因此,松材线虫病病程中典型的病理学事件是松树蒎烯类物质的代谢变化和空洞化现象的形成。

2.2　松材线虫病发生规律

松材线虫一生经过卵、幼虫、成虫三个阶段,依靠松墨天牛完成其侵染循环。松墨天牛成虫从松材线虫寄主树中羽化脱出时携带了大量的松材线虫,当松墨天牛补充营养取食健康松树嫩枝的树皮时,它所携带的松材线虫则通过取食所造成的伤口进入新的寄主体内,并开始大量繁殖。松墨天牛经过补充营养进入产卵期,往往在感染了松材线虫的松树上产卵。当松墨天牛羽化时又将松材线虫携带至新的寄主体内。松材线虫、松墨天牛和松树三者之间这种生物学联系就构成了松材线虫的侵染循环。

2.2.1 松材线虫病症状

松树感染松材线虫病后所表现出的不正常特征称为松材线虫病的症状。症状包含感病松树的外部症状和内部症状。

（1）感病松树的外部症状

松材线虫病作为一种病原主导性病害，危害寄主松树，最短可在 40 d 致死松树，整片松林可在 3 ~ 5 年毁灭。因此，松材线虫病的危害被称为松树的"癌症"。松材线虫病危害的严重性表现在：松材线虫能否成功侵染与林龄无关，与林分类型无关，与松林的健康状况无关（甚至越是健康的松树个体被侵染的时间越早）。感病松树在死亡前的主要外部症状表现为针叶颜色的变化。松树感病后经过一段时间针叶会逐渐失绿、变黄，最后变为红褐色，枯死的针叶挂在枝干上呈下垂状，当年一般不脱落，远观似火烧。针叶萎蔫一般从基部开始，通常从局部发展到整体。外部症状从表现时间上看主要有 3 种类型：当年枯死型、越年枯死型和枝条枯死型。在松材线虫病的中高适生区域，绝大多数松树感病后于当年秋季即表现出全株枯死；在中低适生区域，症状的表现发生一些变化，在年均温度偏低的地区和高海拔地区有些松树感病后，当年不马上枯死，而是到翌年春季或夏初才表现枯死；还有一些松树感病后 1 ~ 2 年内并不表现全株枯死现象，而是树冠上少数枝条枯死，随时间推移，枯死枝条逐渐增多，直至全株枯死。

（2）感病松树体内松材线虫的分布

松材线虫侵入松树后，在松树体内不同部位的分布和数量会因树种、受害程度和时间的不同而出现变化。松材线虫在松树体内的垂直分布表现为 3 种类型：Ⅰ型为上部密度大于中、下部，Ⅱ型为中部密度大于上、下部，Ⅲ型为下部密度大于上、中部，这主要与松树枯死过程有关，松树感染初期多表现为Ⅰ型，枯死时间较长后表现为Ⅲ型。

松材线虫在被害松树体内经过增殖、扩散、迁移等过程，在 8 ~ 11 月针叶变色。立木枯死时，松材线虫数量达到最高峰，秋末冬初气温下降，松材线虫进入越冬期，虫口数量基本稳定，越冬后数量明显减少。

（3）感病松树体内的病理学反应

松树感染松材线虫后,在外部症状未表现之前,树体内已发生了一系列生理生化变化及组织学上的病变。不过生理上的病理反应初期不易被人们察觉。内部生理反应的进一步发展,即导致松树树体在解剖结构和外部形态上发生变化,最终感病松树死亡。感病松树主要的生理病变和解剖病变有以下几个方面:①流脂减少和停止。松树松脂流出量可作为松材线虫病的早期诊断指标,松脂流量减少或停止是可以观察到的第一个内部症状。松材线虫侵入松树后一般在2周内即可出现松脂分泌减少甚至停止流脂的现象。②水分生理的变化。松材线虫侵入树体后,引起寄主木质部薄壁细胞变性坏死,导致木质部功能失调,水分代谢紊乱,最后形成层破坏,寄主发病死亡。③光合作用的变化。松树在感病进程中,针叶中叶绿素含量和类胡萝卜素含量整体呈下降趋势,这是引起光合作用速率下降的因素之一。此外,针叶含水量也一直呈下降趋势,是松树萎蔫、叶绿素含量下降、光合作用速率下降的主要原因之一。④蒸腾作用减弱。松树感染松材线虫后,蒸腾作用速率逐渐下降。⑤呼吸作用的变化。⑥组织解剖变化和输导受阻。松木接种松材线虫后,松树木质部射线组织薄壁细胞和轴向薄壁细胞脂质消失,细胞质变性。随后木质部输导组织广泛受阻,形成层坏死,苗木枯死。⑦酶的变化。松材线虫侵染松树后,寄主体内发生一系列的生理变化和细胞、组织的病变,最终导致松树发病。

2.2.2　松材线虫病的侵染循环

（1）松材线虫病的发病过程

松材线虫病的发生除了传播媒介——松墨天牛,还有病原——松材线虫,寄主——松树。三者之间的生物学联系构成了松材线虫病的侵染循环(图2-1)。松材线虫病的侵染循环可分为繁殖期和分散期。繁殖期全部在松树体内,当携带松材线虫的媒介昆虫在健康松树枝条上取食时,线虫进入松树体内,开始繁殖期。分散期涉及松材线虫的休眠和传播,也包括幼虫和成虫各虫态。

（2）松材线虫病的传播方式

松材线虫病的传播方式主要有自然传播和人为传播两种方式,极少情况下病

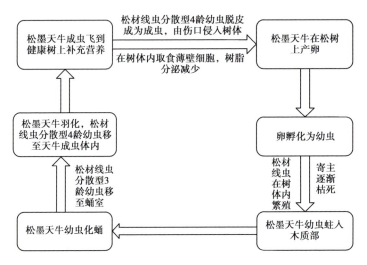

图 2-1 松材线虫病侵染循环

树和健康松树根系间的接触也会发生传播。

1）自然传播

松材线虫病的自然传播局限于近距离传播，主要借助媒介昆虫松墨天牛的活动来完成。松材线虫通过媒介昆虫松墨天牛从罹病木中羽化时携带而出，又靠媒介昆虫在补充营养时传播到健康松树上，侵染新的健康松树。

2）人为传播

松材线虫病的远距离传播扩散主要是人为因素造成的，在工程建设或生产时，由调入未经处理或处理不彻底的含松材线虫和松墨天牛的原木、木材、薪材以及设备的包装材料而引发。1997 年 11 月长江截流后，三峡工程进入快速建设阶段，位于三峡库区的重庆市沿江的万州区、长寿区和涪陵区 2001 年秋季同期发现松材线虫病。

3）接触传播

在密度较大的松林中，感染了松材线虫病的病株可以通过与健康松树根部相连而传播松材线虫病，但是这类传播方式在实践中极为少见。

2.2.3　松材线虫病的发生与环境因子的相互关系

松材线虫病的发生发展与林分状况、气候因素、生物因素、人为活动等环境因素有着十分密切的关系，是各种生物和非生物因素共同作用的结果。环境因子对

松材线虫病发生的影响是多方面的,在诸多自然环境因子中,影响最大的是温度,其次是湿度。

（1）温度

温度直接影响着松材线虫的生长发育及灾害的严重程度。温度除影响松材线虫的分布外,还直接决定着松材线虫的繁殖速度。温度还影响感病松树发病速度和传播速度。

根据日本的研究资料,松材线虫病在年平均气温低于 10 ℃ 的地区不发生;在年平均气温 10～12 ℃ 的地区能够生存,零星发生;在年平均气温 12～14 ℃ 的地区可广泛传播;在年平均气温高于 14 ℃ 的地区爆发流行。在我国年平均气温 10～12 ℃ 的地区松材线虫病能够侵染寄主;在年平均气温 12～14 ℃ 的地区松材线虫病可流行;在年平均气温高于 14 ℃ 的地区易发生松材线虫病,且造成严重危害。由此推断,温度是影响松材线虫病发生和分布的主要环境因子。

（2）水分

水分对松材线虫病的发展也具有重要影响,干旱胁迫可以加剧松树感病的发展速度。较长时期的干旱和炎热条件有利于病害发生和传播。夏季高温干旱的年份,马尾松发病死亡率高。缺水有利于松树枯萎,多数实验表明,干燥条件加快了松材线虫病的发病病程,提高了病树死亡率。

（3）海拔高度

海拔高度不同,其他环境因子也跟着变化。松材线虫病易在低海拔地区发生和流行,随着海拔增高发病程度逐渐减轻。日本的研究资料显示,松材线虫病最早在低海岸地区快速传播,后逐渐向内陆发展,最后向山上蔓延,但在海拔 700 m 以上的松林几乎没有发生。我国则在陕西省秦岭南坡海拔 1 100 m 的松林中有发生,不同纬度的地区松材线虫病的发生海拔可能不同,纬度较低的地区发生病害的海拔相对较高。

2.3 松材线虫病的发生与危害

2.3.1 国外松材线虫病发生历史与分布

（1）日本

日本是最早有文献记载发生松材线虫病并引起松树大量死亡的国家。在1905年,位于日本南端的九州岛长崎县首次发现了松材线虫病。1915年,松材线虫病开始爆发流行,逐步向周边地区扩散。1930年前后,先后传入日本大陆的木津县和本州岛,引起大量赤松和黑松的死亡。二战期间,松材线虫病在日本迅速扩散蔓延,导致大量松树死亡,并传入离疫情区较远的四国岛和关东地区。1978年,由于干旱和高温天气的影响,疫情向日本北方关东和名古屋地区扩散速度明显加快。截至2022年,除了日本最北部的岛屿北海道外,松材线虫病已蔓延到日本几乎所有地区。松材线虫病的发生对日本松林造成了巨大的危害,1947—1950年,每年损失的木材超过100万 m^3。1977—2022年的46年间,松材线虫病导致的松木损失量高达4 186万 m^3,预估造成的直接经济损失超过40亿美元。

（2）韩国

赤松和黑松占韩国森林面积的23.5%,是韩国森林重要的组成树种。1988年10月,松材线虫病首次在釜山市金顶山上被发现,危害寄主为赤松和黑松,发病面积约为100 hm^2（1 hm^2 = 10^4 m^2）,在釜山市的除治下,疫情没有造成进一步扩散。1997年在距釜山疫区55 km的庆尚南道咸安郡发现松材线虫病,1998年在庆尚南道晋州市又发现该病,疫情在庆尚南道扩散较快,到2002年,韩国50%以上地区感染松材线虫病。从2000年开始,松材线虫病在韩国危害面积急剧增加,2005年扩展到54个县（市、郡）,危害面积7 811 hm^2,造成86.3万株松树死亡,直接经济损失达950万美元。2008年,全国除忠清南道和忠清北道外都有松材线虫病发生。然而,2016年2月和2021年7月,韩国分别在忠清北道清州市五松邑和忠清南道

洪城郡发现松材线虫病,至此韩国所有 9 道均发生了松材线虫病。据统计,从发生疫情以来,韩国累计死亡松树达到 2 000 万株以上。

（3）其他地区

北美洲是松材线虫的原产地,在美国、加拿大和墨西哥均有分布。松材线虫病对北美洲本土松种未造成严重危害,这可能是由于北美洲夏季适合松材线虫病发病的温度持续时间较短。北美洲本土的火炬松(*P. taeda*)、北美短叶松(*P. banksiana*)和长叶松(*P. palustris*)等树种对松材线虫病免疫或高度抗病,松材线虫病则主要发生在非本地松树上,如瑞士石松(*P. cembra*)、欧洲赤松(*P. sylvestris*)和红松(*P. koraiensis*)等外来树种上。

在欧洲,葡萄牙 1999 年首次在塞图巴尔半岛发现了松材线虫。尽管设立了半径 30 km 的限制区,但疫情仍继续蔓延。2008 年,松材线虫病疫情扩散到了葡萄牙中部,到 2009 年,疫情波及离葡萄牙大陆西南 100 km 的马德拉岛。塞图巴尔半岛的松材线虫病疫情导致了葡萄牙松林的灾难性破坏,由于松材线虫病,葡萄牙海岸松(*P. pinaster*)的覆盖面积减少了约 42.8% ,从 1.25×10^6 hm^2 (20 世纪 80 年代末)减至 7.15×10^5 hm^2 (2015 年)。在同样广泛种植松树的西班牙,2008 年、2010 年和 2012 年发生了有限的疫情爆发。自 2008 年以来,西班牙 3 个省已有 9 起感染报告,在局部根除策略下,西班牙的疫情得到了有效控制,最近一次记录是 2018 年在拉古尼利亚监测到 1 棵松材线虫感染的死松树。Soliman 等开发了一个模型来估算欧洲松材线虫病的潜在影响。如果这种疾病得不到控制,2008—2030 年间,林业的损失可能达到约 236.2 亿美元。

2.3.2　中国松材线虫病发生历史与分布

（1）中国松材线虫病发生发展历程

松材线虫作为一种典型的外来入侵生物,其入侵过程大致经历侵入、定殖、潜育和暴发等几个有序的发展过程。松材线虫入侵中国的时间无疑是在 1982 年之前,但具体在何时、以何种途径侵入现已难以追溯。从分子遗传学的研究结果看,中国大陆的松材线虫种群与日本种群的亲缘关系更密切,中国台湾的松材线虫种群与美国种群亲缘关系更密切,中国香港松材线虫种群的亲缘关系未见报道。

1982 年,在江苏省南京市中山陵的黑松上,首次发现松材线虫病,当年病死树 256 株,这说明松材线虫在中国侵染和定殖成功。1982 年香港地区的马尾松和湿地松枯死被证实为松材线虫所致。与之相邻的深圳市在 1988 年被确认松材线虫病发生且面积达到 17 万亩,推测入侵时间应在 1982—1988 年。因此从发生的时间和地域关系来看,松材线虫最初入侵中国大陆至少有以上两条路径,并以此为中心,不断向外扩散。松材线虫病在中国流行发展的 40 年中,从地域和虫株的遗传关系两个方面来看,形成了两个明显的聚集分布区:一个以广东为中心向外扩展;另一个以江苏为中心,范围较广,包括江苏、安徽及浙江西北部等。其发生发展历程,可以从每年的省级发生区数量、县级发生区数量、发生面积和死亡株数 4 项指标加以说明。

松材线虫病发生的省级和县级行政区的数量,从 1982 年起连续 27 年呈持续增长态势,在 2009 年达到第一个高峰,共有 16 个省级和 199 个县级行政区。2010 年开始出现小幅下降,但在 2014 年后又出现较大幅度反弹,2018 年达到历史高峰。

松材线虫病在中国的发生面积和松树死亡株数前期一直呈上升趋势,分别在 2001 年和 1999 年达到 127 万亩和 557 万株,此后呈逐渐下降趋势。2013 年发生面积 57.57 万亩,同比下降 54.67%,但自 2014 年后又出现反弹。

从实际发生情况看,松材线虫病经过 1982—1987 年的潜育阶段,在 1988 年开始进入爆发阶段,特别是 2000 年以后进入大爆发和快速扩散期,2000 年净增加县级疫情发生区 5 个,2001 年净增加 24 个,2002 年净增加 7 个,2003 年净增加 6 个,2004 年净增加 23 个,2005 年净增加 10 个,2006 年净增加 27 个,2007 年净增加 30 个,2008 年净增加 9 个,2009 年净增加 5 个,10 年时间净增加县级疫情发生区合计 146 个。经过全国各地坚持不懈的治理,2010 年以后松材线虫病的扩散进入相对平稳期,但 2014 年后又出现大幅度反弹,2017 年新增县级疫情发生区 77 个,2018 年新增 283 个,2019 年新增 85 个,2020 年新增 63 个,2021 年新增 22 个,2022 年新增 7 个,2023 年新增 6 个,2024 年新增 6 个。

（2）中国松材线虫病发生现状

中国大陆于 1982 年在南京市中山陵发现松材线虫病,当时仅在 1 个省 1 个区发生。40 多年来,松材线虫病已发展到中国南方大部分省份,因松材线虫侵染致

死松树累计达数亿株,造成的直接经济损失和生态服务价值损失上千亿元。根据国家林业和草原局发布的我国 2024 年松材线虫病疫区公告(2024 年第 4 号),截至 2023 年底,全国共计 18 个省的 664 个县级行政区发生松材线虫病疫情。具体区域如下:

辽宁省 17 个县级行政区,吉林省 2 个县级行政区,江苏省 22 个县级行政区,浙江省 65 个县级行政区,安徽省 48 个县级行政区,福建省 55 个县级行政区,江西省 81 个县级行政区,山东省 21 个县级行政区,河南省 8 个县级行政区,湖北省 74 个县级行政区,湖南省 68 个县级行政区,广东省 72 个县级行政区,广西壮族自治区 37 个县级行政区,重庆市 29 个县级行政区,四川省 34 个县级行政区,贵州省 11 个县级行政区,陕西省 19 个县级行政区,甘肃省 1 个县级行政区。

（3）中国松材线虫病发生特点

松材线虫病在中国扩散蔓延,总的趋势是由沿海地区向内陆地区、由经济发达地区向欠发达地区、由一般林区向重点林区和重要风景名胜区蔓延。近年来松材线虫病的扩散蔓延又表现出以下新特点。

一是感病的松树种类不断增多。中国松林资源极为丰富,全国松科植物面积达 9 亿亩,松属植物的本地种加上引进种达 50 种。松树在防风固沙、涵养水源、消除噪声、净化空气、改善生态环境等方面发挥着重要的作用,是我国重要的更新造林树种,同时也是庭院绿化、美化环境的重要观赏树种。松材线虫入侵我国的早期,主要危害黑松(江苏)、马尾松(广东)、琉球松(台湾),少量发生的有赤松(江苏)和白皮松(江苏),此后又相继在黄山松(安徽)、湿地松(福建)、思茅松(云南)、云南松(贵州)、火炬松(江苏)、油松(陕西)、华山松(陕西)和红松(辽宁)、落叶松(辽宁)上发生。人工接种试验证明华南五针松、樟子松、乔松、粤松等可不同程度感病。感病松树种类的不断增加,对我国广泛分布的松林所构成的威胁进一步加大。

二是由人工纯林向针阔混交林扩散。早期松材线虫病仅发生在松树人工纯林,一般不在混交林中发生。后来松材线虫病不但在人工混交林中发生,甚至在次生林中混生的松树上发生。陕西省柞水县海拔多在 800 ～ 1 500 m,年平均温度12.4 ℃,森林覆盖率达 78%,地处暖温带和北亚热带两个植被带的过渡地带,在低山丘陵区主要建群树种是油松和栓皮栎等阔叶树。2009 年在次生林中混生的油

松上发现松材线虫病。陕西省山阳县天竺山国家森林公园,海拔 800～2 074 m,年平均温度为 10～13 ℃,属高山气候区,山上以华山松天然次生林为主,有各类植物 200 多种,森林覆盖率达 90% 以上,2011 年发现松材线虫病。湖南省桃江县素有"竹子(楠竹)之乡"的美誉,全县竹林面积达 72 万亩,分别居全省第一和全国第三,2006 年在毛竹林中混生的马尾松上发现松材线虫病。

三是松材线虫病的发生范围向北方和西南扩散加快。近些年来松材线虫病由沿海经济发达地区向北方和西南经济欠发达地区扩散,甚至到了很多交通不便、人为活动不是很多的偏僻地区。2009 年以后,松材线虫病在陕西秦岭南坡的 6 个县级行政区发生。2010 年,松材线虫病在四川的泸定县发生,翻越二郎山进入青藏高原外围。2016 年松材线虫病在辽宁大连发生,面积达数千亩。2017 年松材线虫病在辽宁沈阳市浑南区、抚顺市东洲区、抚顺县、新宾满族自治县、清原满族自治县,本溪市南芬区,丹东市振兴区、凤城市,铁岭市铁岭县同时发生。2018 年松材线虫病又在辽宁抚顺市顺城区,本溪市溪湖区、明山区、本溪满族自治县,丹东市宽甸满族自治县,辽阳市辽阳县、灯塔市,铁岭市开原市发生,使我国松材线虫病向北直线延伸 500 余千米,这表明松材线虫病已突破传统适生区,向北扩张蔓延。同时,天津市蓟州区也新发生疫情。在这些新发生地区,松材线虫病危害的症状和媒介昆虫生活史等方面表现出一些特殊性。

四是华东、西南地区为我国松材线虫病的重灾区。2016 年松材线虫病发生面积 101.91 万亩,同比增长 13.75 万亩,增幅达到了 14.91%,其中华东地区(江苏、浙江、福建、江西、山东)占 62.48%,西南地区(重庆、四川、贵州)占 19.9%,中南地区(广东、广西)占 9.89%;病死松树数量 71.55 万株,同比增长 10.91 万株,增幅达到了 17.99%,其中华东地区占 77.91%,西南地区占 13.18%。统计数据表明,华东、西南地区成为我国松材线虫病的重灾区。

(4)中国松材线虫病潜在适生分布区

松材线虫病不仅在我国的一些中高适生区发生,在一些中低适生区也造成了较大的损失。以年均气温 10 ℃等温线为边界,以南的地区为我国松材线虫病的适生区,包括目前已经发生松材线虫病的所有地区,以及目前尚未发生的海南、河北、山西、西藏的部分地区。利用地理信息系统(GIS)对媒介昆虫、寄主植物、病原线虫以及气候等空间信息进行处理和分布,得出松材线虫病在我国有着极大的扩散

和传播可能,其中广东、广西和福建为理论上发生最为严重的区域,安徽、江苏、浙江、上海、湖南、湖北、贵州、四川、重庆、河南和山东的部分地区为理论上的适生区。

松材线虫病具有很强的寄主适应性和环境适应性,如松材线虫病在日本主要危害日本黑松和日本赤松等,传入我国后除了感染黑松和赤松外,已对我国许多乡土树种如马尾松、云南松、黄山松、华山松、油松、红松和落叶松等17种主栽树种造成了严重危害。同时,松材线虫对低温的适应性增强,加之最近20年全球气候变暖,各地多年出现暖冬,年平均气温呈上升趋势,导致松材线虫病适生范围发生动态变化。

2.3.3　重庆市松材线虫病发生历史与分布

重庆市自2001年首次发现松材线虫病入侵长寿区和涪陵区交界处,至2024年,该病曾相继在我市36个区县发生。

（1）重庆市松材线虫病发生发展历程

重庆市松材线虫病发生的县级行政区的数量,从2001年起连续4年呈持续增长态势;2006—2016年处于平稳阶段,未新增县级疫区;但在2017年又进入大幅度增长阶段,2020年达到历史高峰;2020年后呈逐渐下降趋势。

经过全市各地坚持不懈的治理,2021—2024年全市未新增松材线虫病县级疫点,2023年撤销大足区、潼南区、巫山县、秀山土家族苗族自治县、酉阳土家族苗族自治县松材线虫病疫区,2024年撤销城口县、万盛经济技术开发区松材线虫病疫区,全市松材线虫病得到有效防治,疫区数量明显下降。

（2）重庆市松材线虫病发生现状

重庆市于2001年在长寿区首次发现松材线虫病。20多年来,松材线虫病已发展到全市多个区县,2020年峰值时疫区多达36个,共涉及疫点493个、疫情小班35 303个,疫情发生面积210.22万亩。截至2024年9月,重庆市仍有约30个区县发生松材线虫病,发生面积157.88万亩。

目前,重庆市松材线虫病疫情造成了重大的经济损失和森林资源损失,严重影响森林质量提升、国家储备林建设以及"双碳"目标的顺利推进。

（3）重庆松材线虫病发生特点

松材线虫病在重庆市扩散蔓延，其总的趋势是由沿江地区向内陆地区、由马尾松纯林向针阔混交林蔓延。重庆市松材线虫病的扩散蔓延表现出以下特点。

一是感病的松树基本为马尾松。重庆市马尾松林面积大、分布广，2021年林地变更数据显示，重庆市马尾松林面积达2 107万亩，占全市森林总面积的34%，有马尾松分布的区域基本上都有松材线虫病疫情的发生。

二是由人工纯林向针阔混交林扩散。早期松材线虫病仅发生在松树人工纯林，一般不在混交林中发生。后来松材线虫病不仅在人工混交林中发生，甚至在次生林中混生的松树上发生。

（4）重庆松材线虫病潜在适生分布区

重庆市绝大部分区域属于适宜发生区，仅部分地区属于次适宜发生区。重庆市区内马尾松等松树(松材线虫寄主树种)分布广泛，在重庆发生松材线虫危害的可能性大。

2.4 松材线虫病现有防治模式

当前松材线虫病的防治、监测基本以人工地面调查为主;检疫主要以取样分离镜检为主;防治主要以疫木清理与疫木定点加工、现场烧毁为主,辅以松墨天牛诱杀、化学防治,少量采用免疫注射、天敌防治。总体来说,松材线虫病监测、检疫手段落后,防治措施单一。

2.4.1　松材线虫病监测调查

（1）专项普查

立足于全面掌握疫情发生情况和上年度防控成效,一年开展一次全国范围的秋季普查,坚持以人工踏查为核心,对全域松林小班开展底数摸排工作。此项工作建议人工踏查并结合无人机、遥感等技术,采用踏查摸清底数和区域,将专项普查员作为疫木处置旁站式监管员,熟悉地形山势,能够全面完成专项普查工作和除治季疫木清零等除治任务。

（2）日常巡查

基层专业技术人员和村镇护林员作为日常巡查主要组成成员,2～3月开展一次日常巡查,主要任务是发现松树异常、取样鉴定、新发疫情松林小班确认及详查,日常巡查还要做到监测和核查结合,明确发生区域、重点保护区域、缓冲区域,按照固定路线和重点区域山脊线踏查,立足疫情早发现早防治,及时研判旧疫点疫情发展趋势。

2.4.2　松墨天牛防治方式

（1）药剂防治

应当科学选用防治药剂,优先选择低毒、高效、低残留、环境友好的化学药剂,并合理控制好喷药时间,一般在松墨天牛羽化初期、盛期、盛末期喷药最为适宜。

喷药时,可结合重庆市内各区县实际情况采用适宜的喷药方法,如人工喷药法、无人机喷药法等,保证喷药效果。另外,合理控制药剂浓度,并交替使用药剂,防止出现耐药性现象。目前,推荐使用的药剂有8%氯氰菊酯微悬浮剂、2%噻虫啉微囊悬浮剂、48%噻虫啉水悬浮剂等,均可获得良好的杀灭效果,减少林间松墨天牛数量,减轻对松属木材的危害。

使用药剂防治松墨天牛具有效果好、见效快的优势,但易出现耐药性及药物污

染问题,因此药剂防治技术不可用于重点生态区域、生态脆弱区域及水源保护地。

（2）立木诱木引诱

立木诱木引诱是诱杀松墨天牛的一项重要技术,在松墨天牛 1 年仅发生 1 代的地区可获得相对显著的防治效果。此方法需要在松墨天牛羽化之前,选择衰弱的松材作为诱木,再在诱木胸径部环剥一个宽度 10 cm、深度达到木质部的环剥带,每亩松林地设置 1 株诱木即可,并做好标记与定位等工作,后期及时伐掉诱木,统一带出林间烧毁处理。

（3）生物防治措施

可利用天敌昆虫进行防治。松墨天牛有很多天敌,如管氏肿腿蜂、花绒坚甲、蚂蚁及郭公虫等。这些天敌可以有效杀死松墨天牛,控制松墨天牛的数量。另外,也可利用鸟类捕食松墨天牛,啄木鸟在捕食松墨天牛幼虫与成虫方面发挥着重要作用,鸟类捕食可以大幅减少松墨天牛的数量,降低松材线虫病的发生概率。生物防治技术具有安全、绿色、无污染的优势,因此要重视推广应用,不同地区应结合实际情况自行安排。

同时,可利用微生物来防治松墨天牛。病原微生物是指能够进入动物体内引起感染或引发传染病的微生物。防治松墨天牛的病原微生物有真菌、细菌及病毒。从松墨天牛尸体上分离出球孢白僵菌、拟青霉,利用这些分离物配制一定浓度与比例的孢子悬浮液。试验发现,松墨天牛幼虫经过球孢白僵菌处理 7 d 之后,死亡率达到 100%,由此可以看出,球孢白僵菌在防治松墨天牛方面效果明显。

（4）树干注药技术

通过注射使药剂进入树体内,依靠树体自身的蒸腾作用将药液输送至树体各部位,不仅可防治松墨天牛,而且能够为树体补充营养。该技术适用于需要重点保护的松树或根据防治需要应实施打孔注药的松树。树干注药时,常用的药剂有松线静、一针净、线虫清等。注药时应合理控制频率及药量,一般每 2 年注射 1 次,能够有效杀灭松材线虫及松墨天牛,实现对松树的有效保护。

2.4.3　国内外疫木处置方式

（1）焚烧处理

焚烧处理是一种操作相对简单、成本低廉、除害彻底的疫木无害化处置方式，也是我国松材线虫疫木除治工程中应用最广泛的一项措施。处理时可就地或在指定位置焚烧，直至完全碳化。

（2）机械切片或粉碎

根据松墨天牛最小蛹室尺寸的计算结果，日本农林水产省规定，在工厂切削的木片厚度小于 6 mm，而在田间使用移动切削机切削的木片厚度小于 15 mm，可以保证 100% 杀死传播媒介。韩国采用机械粉碎的方式，用粉碎机将疫木粉碎成小于 1.5 cm 的锯末或木屑，从而防止媒介昆虫的存活。我国《松材线虫病疫区和疫木管理办法》规定，疫木粉碎的最大粒径不超过 1 cm，削片厚度不超过 6 mm，疫木削片（粉碎）后可进行再利用。

（3）热处理

日本还将焚烧疫木作为除害措施，对疫木进行高温炭化，可杀死皮下 1 cm 深度木质部的全部媒介昆虫。此外，使用便携式焚烧炉将疫木全部燃烧制成木炭，可100% 杀死传播媒介和松材线虫。另一方面，韩国采取了疫木直接焚毁的方法，但限于森林火灾风险较低的时期。在葡萄牙，热处理同样被广泛用于处理感染木，可以杀死病媒和线虫。在热处理过程中，需要将木材的核心温度提高到 56 ℃，至少保持 30 min。美国也利用热处理，与葡萄牙遵循同样的标准，在窑中干燥或加热到56 ℃ 或更高的核心温度，并持续 30 min，松材线虫可全部被杀死。我国也采用疫木热处理方式，将疫木置于热风型干燥窑，或木材专用热风（蒸汽）烘干箱内，对其进行加热处理，在木材中心达到一定温度后，再持续处理一段时间，对疫木进行除害处理。

（4）掩埋或水浸

日本还采用土壤掩埋或水浸的方式处置疫木。将疫木截成木段埋入土壤，深

度大于 15 cm,可以 100% 杀死松墨天牛。若在海岸附近可采取海水浸泡 100 d 以上的方式,同样可以 100% 杀死松墨天牛。

(5)化学药剂与熏蒸

在日本,对伐除后的疫木进行杀虫剂喷洒或熏蒸处置。化学药剂处置是指当松墨天牛还在树皮下取食时(秋季和秋季之前,天牛还未钻入木质部),伐倒疫木,采用化学药剂喷洒主干和侧枝,可 100% 杀死皮下天牛。化学药剂的种类有甲基毒死蜱、吡哆醇、丙硫磷或 2-仲丁基苯氨基甲酸酯等。而在冬季和春季天牛已进入木质部,需要使用高渗透性的溶剂和药物混合达到杀死木质部天牛的目的。熏蒸处置的应用时间广泛(冬季除外),将疫木切段堆放,喷洒熏蒸剂并用 PVC 膜覆盖,用土壤密封 PVC 膜的边缘,持续 7 d 以上。药物为氨基甲酸铵或氨基甲酸钠,可以 100% 杀死松材线虫和传播媒介。

韩国也采取疫木熏蒸处置,将疫木砍伐截成木段,将熏蒸剂喷洒在木段上,然后用乙烯厚膜覆盖,保持 7 d 以上。熏蒸剂包括溴甲烷(CH_3Br)和乙二腈(C_2N_2)等,可采用浓度为 595.9 $g \cdot h/m^3$ 的 C_2N_2 熏蒸 1 h。此外,葡萄牙还利用硫酰氟(SF)进行熏蒸处理疫木。我国疫木熏蒸处理常用的药剂有溴甲烷(CH_3Br)、硫酰氟(SO_2F_2)、磷化铝(AlP)。溴甲烷或硫酰氟熏蒸期间最低温度不低于 10 ℃,最低熏蒸时间为 24 h。

第3章 重庆市国家储备林马尾松林经营现状

马尾松是我国亚热带地区特有的乡土树种和南方荒山造林先锋树种,其适应性强,生长迅速,广泛分布于秦岭、淮河以南,云贵高原以东多个省、自治区、直辖市。马尾松用途广泛,是我国南方制浆造纸与人造板生产的主要原料,其制浆造纸与制板性能优于其他主要用材树种,广泛用于造纸、建筑、家具、装饰、交通等领域,其森林副产品松脂、松针等也是重要林特产资源,综合利用价值高、潜力大,是我国重要的用材和经济树种。

3.1 马尾松特征

3.1.1 形态特征

马尾松作为松科松属乔木,在适生区,树高可达 40 m 以上,胸径可达 1 m 左右。造林前几年生长缓慢,3～5 年可郁闭成林,10～25 年生长达到高峰,30 年后生长下降。马尾松树皮下部为灰褐色,上部红褐色,裂成不规则鳞状块片。枝平展或斜展,呈树冠宽塔形或伞形,幼树树冠为圆锥形,成熟后为广圆形。枝条每年生长一轮,1年生枝为淡黄褐色,无白粉,冬芽褐色,圆柱形,叶鞘宿存。针叶2针一束,长12～20 cm,直径≤1 mm,细柔,树脂道边生。雄球花为淡红褐色,圆柱形,弯垂,雌球花单生或2～4个聚生于新枝近顶端,淡紫红色。球果为卵圆形或圆锥状卵形,长4～7 cm,直径2.5～4 cm,熟时为栗褐色,种鳞张开,鳞盾菱形,微隆起或平,鳞脐微凹,通常无刺。种子为卵圆形,连翅长2～2.7 cm。花期4—5月,球果翌年10—12月成熟。

3.1.2　环境特征

马尾松广泛分布于我国亚热带东部湿润区,并延伸至北热带,是亚热带适生树种。其主根明显,侧根发达,为深根性、扩散型根系,能够生于干旱瘠薄的红壤、石砾土、沙质土以及岩石缝中,是荒山恢复森林的先锋树种,常组成次生纯林或与栎类、山槐、黄檀等阔叶树混生。马尾松怕水湿,不耐盐碱,喜酸性和微酸性土壤;喜光,不耐庇荫;喜温暖湿润气候,不耐长期干旱与低温。

3.1.3　应用价值

马尾松树干挺拔,寿命长,树形苍劲,且适应性、抗风力强,是营造生态林和风景林的良好树种,可用于荒山造林或孤植,具备较好的园林绿化价值。其枝干结节、针叶、花粉、油树脂、幼根或根皮、球果皆可入药,具有一定药用价值。马尾松可作为造纸、建筑、人造纤维和家具制作的原料,其树干可提取松脂,树皮可提取栲胶,松针叶可提取芳香油、松花粉,用于加工成医用防病治病药剂和保健产品等,具备较高的经济价值。

3.1.4　地理分布

马尾松是松属树种地理分布最广的一种,其水平分布区横跨中国东部亚热带的北、中、南3个亚带及北热带,分布范围介于21°41′～33°56′N、102°10′～123°14′E,广泛分布于18个省(自治区、直辖市)的地区。高适生区在秦岭－淮河线以南,以

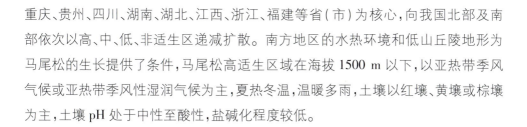

重庆、贵州、四川、湖南、湖北、江西、浙江、福建等省(市)为核心,向我国北部及南部依次以高、中、低、非适生区递减扩散。南方地区的水热环境和低山丘陵地形为马尾松的生长提供了条件,马尾松高适生区域在海拔 1500 m 以下,以亚热带季风气候或亚热带季风性湿润气候为主,夏热冬温,温暖多雨,土壤以红壤、黄壤或棕壤为主,土壤 pH 处于中性至酸性,盐碱化程度较低。

3.2　重庆市国家储备林马尾松林特征研究

为充分掌握国家储备林森林资源动态变化情况,在重庆市国家储备林建设范围内,采用随机和固定抽样方式,布设 348 个监测样地(20 m×20 m),其中,以马尾松为主要树种(马尾松株数占比 65% 以上)的样地数量为 71 个。通过监测、评估、评价,测算重庆市国家储备林中马尾松林的群落特征,掌握马尾松林资源的动态变化,能够确保松林资源得到有效经营利用,并为松材线虫病防控与马尾松林改培提供数据支撑。

3.2.1　样地调查

(1)样地环境因子调查

记录样方基本环境因子包括经纬度、海拔、坡度、坡向、土壤类型、林分结构等。

(2)样方植物多样性调查

采用典型样方法调查,乔木层每木检尺,记录树种、株数、树高、胸径和冠幅等,灌木层记录种名、株数、株高、盖度等,草本层记录种名、株丛数、盖度等。

3.2.2 数据分析方法

(1)蓄积量计算方法

采用立木法,将每木调查所得立木胸径及树高代入各类立木相应的二元立木材积方程,以计算单株立木的材积量。林分蓄积量为林分内所有单株立木材积量之和。不同种类立木的二元立木材积方程如下:

针叶类:$V_i = 0.000\,079\,852\,4 \times D^{1.742\,20} \times H^{1.011\,98}$

软阔类:$V_i = 0.000\,073\,853 \times D^{1.876\,57} \times H^{0.852\,74}$

硬阔类:$V_i = 0.000\,063\,518 \times D^{1.914\,2} \times H^{0.900\,72}$

式中　V_i——第 i 株立木的蓄积量(m^3);

　　　　D——单株树木的胸径(cm);

　　　　H——单株树木的平均高度(m)。

(2)碳储量计算方法

由异速生长模型方程和生态因子法计算树木的地上生物量,再乘以含碳率得到碳储量[乔木地下部分碳储量再乘以对应树种的根茎比(RSR)]。

1)生物量计算方法

对马尾松林样地的地上生物量通过以下两种方法计算:异速生长方程法、生物量因子法。计算过程中所需的各类参数优先考虑来自当地的参数及最新的国家水平的参考值,如果没有对应的参考值,则选用联合国政府间气候变化专门委员会(IPCC)提供的参考值。

一是异速生长方程法,在实地测量标准木生物量的基础上,拟合生长曲线,建立胸径、树高与生物量的拟合方程。对于已发布立木生物量模型及碳计量参数行业标准的树种,结合调查所获得的各树种测树因子的数据,按照《主要树种立木生物量模型与碳计量参数》(GB/T 43648—2024)标准测算,求得全树总生物量。马尾松地上生物量二元模型公式:

$$M_A = 0.092\,349D^{2.028\,17}H^{0.497\,63}\,(D \geqslant 5.0\ cm)$$

式中　M_A——地上生物量估计值(kg);

D——林木胸径(cm);

H——林木树高(m)。

表 3-1　主要树种生物量参考表

树种名称	生物量方程
马尾松	$M_A = 0.092\,349D^{2.028\,17}H^{0.497\,63}$
杉木	$M_A = 0.065\,388D^{0.494\,25}H^{0.494\,25}$
桦木	$M_A = 0.063\,56D^{2.108\,50}H^{0.520\,19}$
落叶松	$M_A = 0.055\,77D^{2.015\,49}H^{0.591\,46}$
栎类	$M_A = 0.061\,49D^{2.143\,80}H^{0.583\,90}$
枫香树	$M_A = 0.089\,09D^{2.255\,64}H^{0.304\,14}$
柳杉	$M_A = 0.093\,11D^{1.811\,74}H^{0.606\,77}$
木荷	$M_A = 0.120\,45D^{206\,446}H^{0.382\,65}$
散生杂竹类	$M_A = 0.157\,4D^{20\,349}$
散生杂竹类	$M_A = 0.157\,4D^{20\,349}$
丛生杂竹类	$M_A = 0.070D^{1.608}H^{0.484}$

二是生物量因子法。基本木材密度也称为树干材积密度,即每立方米木材所含干物质质量。对于未发布立木生物量模型及碳计量参数行业标准的树种,采用森林生态系统碳库调查及测定获得的各树种蓄积量、树种的基本木材密度以及生物量扩展因子。采用以下公式:

$$M_A = V_{乔木,K} \times SVD_{乔木,K} \times BEF_{乔木,K}$$

式中　M_A——地上生物量估计值(kg);

$V_{乔木,K}$—— 树种 K 的树干圆柱体积(m^3);

$SVD_{乔木,K}$—— 树种 K 的基本木材密度(T.d.m/m^3);

$BEF_{乔木,K}$—— 树种 K 的生物量扩展因子。

其中,群落主要优势树种的基本木材密度(SVD)与生物量扩展因子(BEF)按树种区分,其余树种按立木类型取不同数值。

表 3-2　主要树种(组)生物量转换参数

树种	BEF	SVD	RSR	CF
柳杉			0.237	0.485
枫香树			0.398	0.497
木荷			0.256	0.465
桦木			0.248	0.491
栎类	采用异速生长模型		0.292	0.5
栎灌			0.292	0.5
落叶松			0.237	1.5
马尾松			0.171	0.496
杉木			0.247	0.467
竹类			0.6	0.47
桉树	1.263	0.578	0.221	0.525
檫木	1.483	0.477	0.27	0.485
楝树	1.586	0.443	0.289	0.485
桐树	3.27	0.239	0.298	0.465
楠木	1.42	0.477	0.286	0.47
樟木	1.42	0.46	0.286	0.47
柏木	1.732	0.478	0.22	0.51
华山松	1.785	0.396	0.17	0.523
其他杉类	1.49	0.278	0.237	0.485
其他松类	1.46	0.464	0.233	0.485
硬阔类	1.79	0.598	0.282	0.466
软阔类	1.54	0.433	0.298	0.465

2)乔木层地上碳储量计算

$$C_{\text{A地上}} = 0.001 \times M_A \times CF$$

式中　$C_{\text{A地上}}$——乔木地上部分生物质碳储量(tC);

M_A——乔木地上生物量估计值（kg）；

CF——平均含碳率（tC/t. d. m）。

各树种含碳率见表3-2,缺省值采用0.47。

3）乔木层地下碳储量计算

$$C_{A地下} = 0.001 \times M_A \times RSR_K \times CF$$

式中　$C_{A地下}$——乔木地上部分生物质碳储量（tC）；

M_A——地上生物量估计值（kg）；

CF——平均含碳率（tC/t. d. m）；

RSR_K——树种 K 地下生物量与地上生物量的比值。

各树种根茎比见表3-2,缺省值采用0.24。

4）乔木层林下植被碳储量

森林乔木层林下植被主要包括森林灌木层和森林草本层植被,乔木层林下植被碳储量的计算方式如下:按照《森林生态系统碳储量计量指南》（LY/T 2988—2018）,采用乔木层生物量与下层植被和凋落物间生物量模型求得各样方林下植被生物量,再乘以林下植被含碳率得出林下植被碳储量。

①乔木层林下植被地上部分碳储量计算公式如下:

$$C_{林下植被1} = (0.000\ 256 M_A + 140.004) \times CF$$

式中　$C_{林下植被1}$——林下植被地上部分生物质碳储量（tC）；

M_A——地上生物量估计值（kg）；

CF——平均含碳率（tC/t. d. m）,林下植被含碳率采用缺省值0.47。

②乔木层林下植被地下部分碳储量计算公式如下:

$$C_{林下植被2} = (0.000\ 256 M_A + 140.004) \times CF \times RSR_K$$

式中　$C_{林下植被2}$——林下植被地下部分生物质碳储量（tC）；

M_A——地上生物量估计值（kg）；

CF——平均含碳率（tC/t. d. m）,林下植被含碳率采用缺省值0.47；

RSR_K——树种 K 地下生物量与地上生物量的比值,RSR 采用缺省值0.24。

③林分枯落物碳储量。

森林生态系统枯落物碳储量应根据林地枯落物平均单位面积生物量、枯落物含碳率以及林分面积采用以下公式计算:

$$C_{枯落物} = B_{枯落物} \times CF_{枯落物}$$

式中 $C_{枯落物}$ —— 林分中枯落物碳储量(tC);

$\quad\quad B_{枯落物}$ —— 林分中枯落物平均单位面积生物量(t. d. m /hm^2);

$\quad\quad CF_{枯落物}$ —— 枯落物平均含碳率(tC/t. d. m),采用缺省值 0.37tC/t. d. m。

其中:

$$B_{枯落物} = \sum (B_{乔木地上部分生物量} + B_{灌木地上部分} + B_{草本地上部分}) \times DF_{枯落物}$$

$DF_{枯落物}$ 为枯落物生物量占地上生物量的比例(%),按照《森林生态系统碳储量计量指南》(LY/T 2988—2018)附录"枯落物生物量比例"选取。

3.2.3 马尾松林样地布设

(1)区县分布

重庆市国家储备林监测样地数量为 348 个,其中,71 个为马尾松林样地,占比 20.40% ,见表 3-3。马尾松林样地主要分布在南川、忠县和梁平 3 个区县,数量为 49 个,占总马尾松林样地数量的 69.01% 。

表 3-3 马尾松林样地布设及株数

区县	总样地数量/个	马尾松样地		
		样地数量/个	马尾松株数/株	样地内总株数/株
大足	45	——	——	——
南川	55	16	859	986
綦江	18	7	289	326
万盛	18	4	205	236
酉阳	40	——	——	——
忠县	44	11	451	510
巫溪	52	8	247	288
垫江	12	1	34	34
梁平	51	22	1 365	1 541
渝北	13	2	54	71
总计	348	71	3 504	3 992

（2）海拔分布

马尾松林样地海拔分布（图 3-1）范围在 300 ~ 1 250 m，其中，海拔分布在 300 ~ 600 m 的样地数量为 27 个，占比 38.03% ；海拔分布在 600 ~ 900 m 的样地数量为 36 个，占比 50.70% ；海拔分布在 900 ~ 1250 m 的样地数量为 8 个，占比 11.27%。

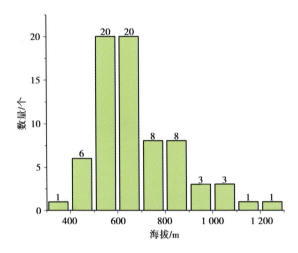

图 3-1　马尾松林样地海拔分布

3.2.4　马尾松林林分结构

（1）起源

调查的 71 个马尾松林样地中，人工林样地数量 48 个，占比 67.61% ；天然林样地数量 23 个，占比 32.39%。

（2）林龄

马尾松林样地林龄结构见表 3-4，大部分处于中龄林阶段，占比 95.77%。

表 3-4　马尾松林样地林龄结构

林龄	样地数量/个	占比/%
幼龄林	2	2.82
中龄林	68	95.77

续表

林龄	样地数量/个	占比/%
近熟林	1	1.41
成熟林	—	—
过熟林	—	—

（3）郁闭度

1）马尾松林样地郁闭度

马尾松林样地郁闭度范围在 0.30 ~ 0.92（图 3-2），其中，54 个样地的郁闭度在 0.65 ~ 0.85，占比 76.06%。

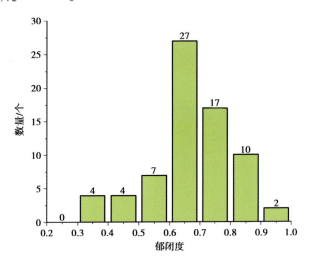

图 3-2　马尾松林样地郁闭度情况

2）不同区县马尾松林样地郁闭度

马尾松林样地郁闭度在不同区县之间存在差异（图 3-3），其中，垫江马尾松林样地郁闭度为 0.90；梁平马尾松林样地郁闭度分布范围为 0.6 ~ 0.85；南川马尾松林样地郁闭度分布范围为 0.30 ~ 0.80；綦江马尾松林样地郁闭度分布范围为 0.45 ~ 0.90；万盛马尾松林样地郁闭度分布范围为 0.6 ~ 0.80；巫溪马尾松林样地郁闭度分布范围为 0.3 ~ 0.65；渝北马尾松林样地郁闭度分布范围为 0.60 ~ 0.70；忠县马尾松林样地郁闭度分布范围为 0.40 ~ 0.80。

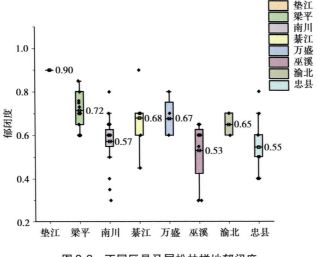

图 3-3　不同区县马尾松林样地郁闭度

（4）胸径与树高

1）马尾松林样地内林木平均胸径

马尾松林样地内林木平均胸径（图 3-4）分布范围在 10.04～29.18 cm，其中，47 个马尾松样地内林木平均胸径在 12.00～18.00 cm，占比 66.19%。

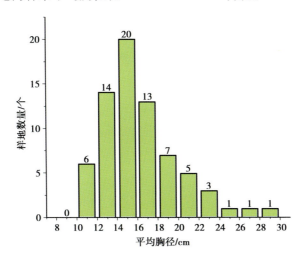

图 3-4　马尾松林样地内林木平均胸径

2）不同区县马尾松林样地内林木平均胸径

71 个马尾松林样地中，垫江马尾松林样地内林木平均胸径为 15.42 cm；梁平马尾松林样地平均胸径为 11.76～21.55cm；南川马尾松林样地平均胸径为 11.90～

29.18 cm;綦江马尾松林样地平均胸径为 15.08~21.75 cm;万盛马尾松林样地平均胸径为 13.35~23.12 cm;巫溪马尾松林样地平均胸径为 10.04~16.37 cm;渝北马尾松林样地平均胸径为 17.11~18.15 cm;忠县马尾松林样地平均胸径为 11.12~26.46 cm。如图 3-5 所示。

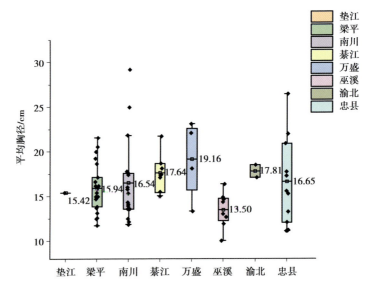

图 3-5 不同区县马尾松林样地平均胸径分布

3) 马尾松林样地平均树高

马尾松林样地平均树高为 5.95~17.29 m,其中,64 个样地平均树高集中在 10.00~16.00 m,占比 90.14%,如图 3-6 所示。

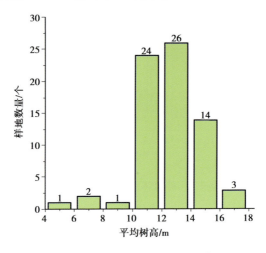

图 3-6 马尾松林样地平均树高

4)不同区县马尾松林样地平均树高

71 个马尾松林样地中,垫江马尾松林样地平均树高为 15.07 m;梁平马尾松林样地平均树高为 9.72 ~ 16.65 m;南川马尾松林样地平均树高为 10.31 ~ 16.97 m;綦江马尾松林样地平均树高为 11.38 ~ 15.14 m;万盛马尾松林样地平均树高为 11.92 ~ 17.29 m;巫溪马尾松林样地平均树高为 5.95 ~ 13.00 m;渝北马尾松林样地平均树高为 13.07 ~ 14.11 m;忠县马尾松林样地平均树高为 10.27 ~ 14.32 m。如图 3-7 所示。

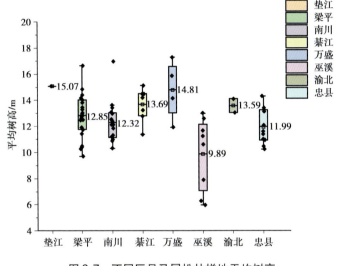

图 3-7 不同区县马尾松林样地平均树高

3.2.5 马尾松林生物量特征

(1)蓄积量

1)马尾松林样地蓄积量

71 个马尾松林样地内,单株林木平均蓄积量(图 3-8)在 0.03 ~ 0.40 m³,平均值 0.15 m³/株。其中,56 个样地单株林木平均蓄积量在 0.05 ~ 0.20 m³,占比 78.87%。

71 个马尾松林样地的单位面积蓄积量在 0.15 ~ 23.8 m³/亩,平均值 12.46 m³/亩,如图 3-9 所示。其中,26 个样地单位面积蓄积量在 6.00 ~ 12.00 m³/亩,占比 36.62%;22 个样地单位面积蓄积量在 14.00 ~ 18.00 m³/亩,占比 30.99%。

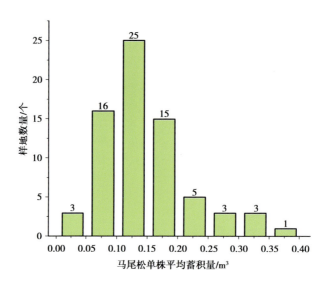

图3-8 马尾松林样地单株林木平均蓄积量

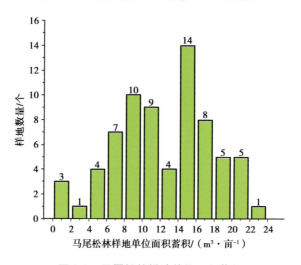

图3-9 马尾松林样地单位面积蓄积

2) 不同区县马尾松林样地蓄积量

马尾松林样地布设在垫江、梁平、南川、綦江、万盛、巫溪、渝北和忠县8个区县中,在不同区县内,马尾松林生长状况存在差异,如图3-10所示,其中,万盛地区的马尾松林单株林木蓄积量相对最高,为0.22 m³/株,巫溪地区的马尾松林单株林木蓄积量相对最低,为0.08 m³/株。

8个不同区县马尾松林样地的单位面积蓄积量在5.33～18.20 m³/亩,平均值为11.51 m³/亩,如图3-11所示。其中,万盛地区的马尾松林样地单位面积蓄积量相对最高,为18.20 m³/亩;巫溪地区的马尾松林样地单位面积蓄积量相对最低,为5.33 m³/亩。

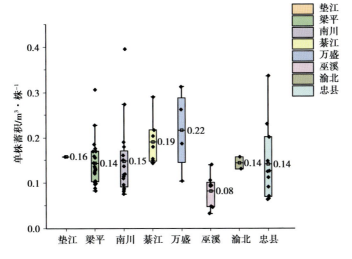

图 3-10　不同区县马尾松林样地单株蓄积量

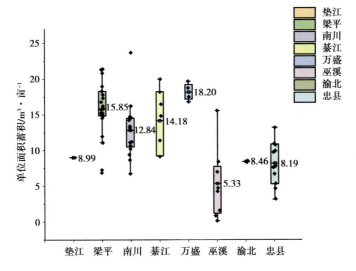

图 3-11　不同区县马尾松林样地单位面积蓄积量

（2）碳储量

1）马尾松林样地碳储量

马尾松林样地内林木平均单株碳储量在 0.01 ~ 0.16 tC,平均值为 0.06 tC,如图 3-12 所示。其中,57 个样地单株碳储量集中在 0.02 ~ 0.08 tC,占比 80.28%。

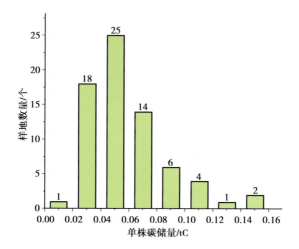

图 3-12　马尾松林样地单株碳储量

马尾松林样地单位面积碳储量在 9.92 ~ 154.2 tC/hm²,平均值为 84.52 tC/hm²,如图 3-13 所示。其中,49 个样地单位面积碳储量集中在 60.00 ~ 120.00 tC/hm²,占比 69.01%。

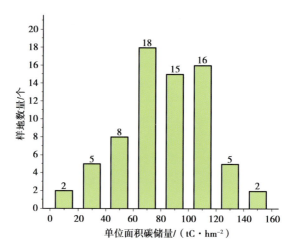

图 3-13　马尾松林样地单位面积碳储量

2) 马尾松林样地不同区县碳储量

不同区县马尾松林样地单株碳储量在 0.034 6 ~ 0.084 3 tC,平均值为 0.061 0 tC,如图 3-14 所示。

不同区县马尾松林样地单位面积碳储量在 42.93 ~ 117.73 tC/hm²,平均值为 78.35 tC/hm²,如图 3-15 所示。

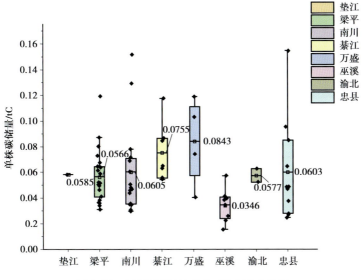

图 3-14　马尾松样地不同区县单株碳储量

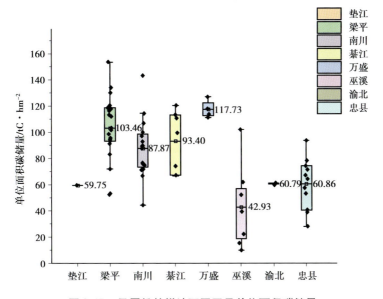

图 3-15　马尾松林样地不同区县单位面积碳储量

3.3 马尾松林经营模式

3.3.1 马尾松林经营理论基础

（1）马尾松人工林经营理论基础

以目标树体系为核心的近自然经营技术在我国森林经营和质量提升实践中得到了普遍认可,它首先关注目标树,在充分满足目标树生长条件的同时,兼顾目标树以外其他树木的生长,进行全方位的抚育管理,以提高全林分质量、生长量、价值量和中间收益。以单一树种和结构的马尾松林人工林为经营改造对象时,一是突出对目标树的培育管理,保留主林层具有基本稳定且有培养前途的优势林木,使上层优势木具有稳定的生长空间,在整个改造期间能够承担上层基本郁闭度的主体作用;二是在充分发挥目标树森林骨架作用的同时,进行全林经营控制林分密度,适时疏伐;三是重视林隙补植,在天然更新不能满足需要的前提下,实施针补阔、阔补针的交叉补植法,增强林分稳定性,提高森林质量。

1）抚育间伐

根据不同间伐强度对林分平均胸径、树高、材积林分蓄积量的影响,采用适宜强度的间伐。

2）混交改造

形成以马尾松为主,另外一到两个阔叶树种为辅的乔木层加灌草结合的复层林体系,把马尾松同龄林分改造成异龄复层混交林分。在林下通过天然更新或人工补植部分符合目的的乡土树种幼苗,优化林分结构。

3）促进林下更新

近自然经营的目标是通过补植树种和促进更新幼苗幼树生长尽快形成复层林结构。试点在固定样地上保留天然更新的马尾松幼苗和栎类苗木,通过轻微人为扰动,促使马尾松种子接触土壤,增加出苗率。通过林下更新,提高生物多样性,增强林分的抗逆性。

树木的成熟期是其品质和价值由增向贬的拐点,既是树木的经济功能的拐点,也是生态功能的拐点,树木从这个时候开始生理机能退化。一个林龄一致的森林生态系统,到这个拐点时应全面更新;一个异龄混交的森林生态系统,一定时期内只有部分立木存在这个拐点,应只对这些达到拐点的立木开展择伐。

（2）马尾松天然次生林经营理论基础

马尾松天然次生林的退化特征主要表现为物种多样性丧失,蓄水功能差,地力衰退,群落结构不稳定,从而导致马尾松林生态系统的脆弱性。对于立地条件极差、森林生态系统极其脆弱的低质低效马尾松林,任何一种单一的恢复与重建技术都难以在短期内奏效,必须采取综合的、配套的优化组合技术措施。

佘济云等针对马尾松低效水保林的特点,提出了重建生态系统功能的优化经营模式。胡庭兴、李贤伟等根据导致马尾松低产的主导因子(土壤类型、土层厚度、土体石砾含量、林分密度和土壤侵蚀模数)划分了 11 个经营类型,依各类型的林分特征采取相应的措施,如采伐更新、调整林种结构、间种农作物以及营造混交林等。潘开文、杨冬生等对低效防护林采取"多层经营",即同步经营林分的乔木层、灌木层、草本层和枯落物层,根据各层目标功能确定了经营措施。

3.3.2　马尾松林的传统经营模式

（1）马尾松人工林的传统经营

我国在马尾松的优良种源选育、速生丰产技术措施等方面有重要成就。在优良种源选育方面,从 20 世纪 50 年代起开展马尾松遗传改良研究,在地理变异、种源选择、种子园建设、造纸材定向选育、建筑材定向选育、产脂材定向培育、种内变异和遗传等基础研究领域均取得了巨大成就和进展,分别选育出了树高、胸径和材积遗传力较高的种源,建筑材优良家系、纸浆材优良家系、高产脂量的优良家系等。

在速生丰产技术措施方面,主要开展了马尾松的立地条件、整地方式、施肥效应、密度效应等方面的研究,取得的研究成果包括以下内容。

1)适宜的立地条件

马尾松幼树在长石石英砂岩和玄武岩发育的土壤上生长良好,其次是石英砂岩、第四纪红色黏土和煤系硅质砂页岩发育的土壤等。

2）整地方式

马尾松人工林整地方式主要有全垦、带状和块状（穴垦）3 种。造林初期，全垦、带垦方式优于穴垦，在土壤质地适中、立地质量中等的南方山地营造马尾松人工林，造林时宜采用块状整地，整地规格以中穴（40 cm×40 cm×25 cm）为宜。在中上坡块状整地的林分比不整地的林分树高、胸径、蓄积量分别大 26%、15% 和 15%；在中下坡树高、胸径、蓄积量分别大 14%、24% 和 45%。

3）施肥效应

施肥是人工林经营的一项基本措施，能明显提高林分的生产力。施肥对马尾松幼林生长能够产生长期的影响，不同肥种的时效性与增益持续性不同，氮肥无明显的时效性，钾肥施肥后初期效应显著，但效应丧失快，磷肥产生效应迟、持续时间长。

4）密度效应

根据马尾松森林经营目标的不同，造林密度也不同。以培育大径材为目标，选用中等以上立地条件造林，初植密度以 1 800～2 505 株/hm² 为宜，间伐 2 次，最后一次间伐应在第 20 年前结束，最终保留 525～645 株/hm²，35 年左右进行主伐；培育速生丰产林的造林密度以中密度为宜，即 2 490～3 555 株/hm²。培育短周期工业原料林的造林密度为 7 500 株/hm² 较适宜。在黔中地区中等立地采用本地一般种源造林，培育建筑材可采用 2 000～2 500 株/hm² 的初植密度，培育纸浆材可采用 3 500～4 444 株/hm² 的初植密度，培育纤维、刨花板原料材可采用 6 000 株/hm² 的初植密度。林木胸径与林分密度大小密切相关，而林木胸径的生长又取决于冠幅，冠幅越大，林木的营养面积也越大，林木胸径越大，但林分密度会减小。研究人员利用林木胸径与冠幅的关系，建立了马尾松天然林理论密度、最大密度回归模型，并以此确定了四川马尾松天然林郁闭度为 0.6～0.9 时不同径阶林分所对应的适宜密度，可供马尾松天然林抚育间伐参考。抚育间伐是调整林分密度的主要措施，包括抚育间伐的开始年限、间伐强度、间隔期、间伐方法以及适宜的经营密度等。实施抚育间伐的指标依据是胸径年生长量明显下降到材积生长量最大以前的时间（指用材林），或影响森林水源涵养作用的林下植被和枯枝落叶的生物量或质量达最大时的林分密度（指水保林）。抚育间伐各要素的确定因林分的结构状态、立地因素、经营目的不同而异。

纯林宜下层疏伐,混交林则施行上层疏伐为妥。但天然林密度差异大,种群以簇状分布为主,立木个体间年龄、遗传因素不同,长势也不同,用株数表示的间伐强度常不能明确反映间伐强度的差异,因而,确定间伐木时应考虑分布均匀、株数按径阶分配的特征以及林木质量。

（2）马尾松天然林的传统经营

马尾松天然林占马尾松总面积的近70%,其中绝大部分为低质量、低效益林。我国有大面积马尾松天然次生林,多数立地条件较差,加上附近居民砍伐林木和收集地被物等,致使林分残次、稀疏、慢生,结构单一,土壤肥力低下,松毛虫危害严重,水土保持、水源涵养功能很差,成为低产低效林分。马尾松天然林普遍存在多代更新、林分密度大等问题,造成立木间竞争、分化强烈,使得林分生产力水平和生态效益不高。

鉴于马尾松天然次生林资源量大,在用材林中处于基础地位,因此,我国林业科技人员对其开展了大量的研究,研究内容涵盖个体和种群生态、群落生态、恢复生态,生态系统的结构、功能和生物量以及病虫害防治等。研究的林种包括用材林、防护林、水源涵养林、风景林等,在经营技术上采取间伐、施肥、封山育林以及低产低效林改造,在研究方法上由短期临时的定性描述到长期的定位、定量研究。

马尾松次生林的经营,主要是对林分进行疏伐和低质低效林分的改造。疏伐是通过调整立木生长空间,解决立木竞争与生长分化问题,促进林木生长。疏伐的原则为砍劣保优、砍密留稀、砍弱留强,保留通直、长势良好的树木,伐除弯曲木、矮小木以及霸王木。疏伐强度与疏伐时间应依据林分结构、立地条件、经营目的而定。贵州低中山丘陵地区的中等立地条件,以培育中小径材为目标的马尾松天然林,首次疏伐时间宜在第9~13年进行,采用中强度间伐,即疏伐株数为30%~45%,疏伐间隔期为5~6年。马尾松天然次生林适宜的密度依据经营目的而定,用材林以收获干材蓄积量为主,在黔中地区中等立地条件下较为合理的密度为1 800~2 550株/hm^2;对于水土保持林,长江中上游地区最适林分疏密度为0.55~0.61,郁闭度为0.66~0.70,适宜密度应随着林分径级的增长而不断调整。

3.3.3 马尾松林近自然经营

对于马尾松林的经营,近自然育林思想在人工林经营中的应用研究较多。马尾松人工林近自然经营研究多是针对马尾松纯林存在的树种单一、群落结构不稳定、生态功能低下、地力衰退严重、生产力低等问题,对退化的人工林进行恢复、转化。马尾松人工纯林近自然化经营后,林分的树种组成、林分结构、生长动态、土壤化学性质等均可有明显改善。树种组成更为丰富,有的还可形成上层、中层和下层复层结构,林木空间分布格局可从最开始的均匀分布逐渐过渡为聚集分布或随机分布。

（1）合理人工干预

根据马尾松林不同阶段,在弱干扰条件下,分别确定不同经营技术方式,通过合理人工干预,对马尾松林分结构(包括树种结构、径级结构和林龄结构)进行调整。

1) 幼龄林阶段

此阶段应当形成较密的幼林,主要是为了通过自然竞争以及自然修枝形成通直干形以及建立一个较宽的目标树选择基础。由于树木都比较小,还不能确定是否能作为目标树,这时选择较多的"候选目标树",并把这些备选目标树保护好。把主要的管理活动集中在目标树上,可以降低成本,生产出高价值的木材,增加收益。

2) 近熟林阶段

从较多的备选目标树中最终选定目标树,是在近熟林疏伐阶段完成的。通过多次少量疏伐的方式为保留树木的树冠拓展生长空间。马尾松用材最终采伐时冠幅高度应该达到最终树高的30% ~50% 。

3) 疏伐阶段

此阶段主要是围绕目标树进行疏伐,为目标树生长释放空间,分轻重缓急逐步去除干扰树。对林内不影响目标树的其他林木按照间密留稀、留优去劣的原则进行间伐,伐除残次木,对密度过大的林分分2 ~3 次伐除,为优势木生长释放空间。此阶段对出现的天然更新幼苗要注意保护管理,并要继续对目标树进行修枝作业。

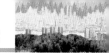

（2）目标树选择

根据马尾松林培育目标,建立目标树选择标准,选择需要保留和培育的目标树,把目标树作为培育的核心,把影响目标树生长的干扰树伐除。按照目标树之间最优距离＝目标树的目标胸径×25,把此距离范围内的同冠层林木伐除,下层林木不伐,确保目标树培育所需的最佳光照和土壤等生长条件。

1）目标树的选择标准

包括林木质量、生长情况(生命力、稳定性等)、平均间距、每公顷未来目标树的数量和目标树之间的距离等。

2）未来目标树选择的时间

选择未来目标树,应在树木的未来生长情况(生长和质量)可以预见以及需要采取措施控制这些树木的发展的时候,此时也是优势树木的高度达到最终采伐时树木高度的50%的时候。树高和胸径之间有一个比例关系,树高除以胸径的数值应该保持在小于等于80。如果大于80则表明过细,此种林分是不稳定、不健康的,要进行疏伐。针对重庆马尾松林的情况,按照目标树经营体系进行长周期的经营,在疏伐过程中砍伐的木材也能达到普通经营中最后皆伐的胸径,所以从长远来看有更大的价值。

3）目标胸径的确定

研究表明,超过40 cm的成熟龄材的材性较为稳定,木材价值较高。因此,确定最佳目标径级应大于40 cm,照顾到不同经营单位的经营水平和经济能力,设置目标胸径为40～60 cm,这样可适当缩短目标树收获年龄,但经济收益及森林的多种效益有所降低。结合示范地立地条件情况,把最佳目标胸径确定为50 cm。

4）相邻目标树之间的距离确定

目标树之间的距离应该是目标胸径乘以一个倍数。根据相关研究成果,如果是生长较快的树木,乘以25,生长较慢则乘以20。马尾松是喜光速生树种,如目标树胸径为40 cm,则用40 cm乘以25,即目标树之间的距离是10 m。在现实中,如果两株或三株靠得比较近,在附近又找不到合适的树,则可以群团状保留。

（3）经营体系构建

以目标树为架构的全林经营,就是在充分满足目标树生长条件的同时也关注目标树以外的其他树木的生长发育,提高全林生长量、价值量和中间收益的育林方法。这种育林方法以目标树为骨架支撑起了森林的基本架构,是林分价值的集中体现,同时又兼顾了林分内的其他林木,充分地利用了林地资源、最大限度地发挥林地的生产潜力,既实现了长期的经营目标,又能确保近期可以实现较好的经济收益。

【试点篇】

第4章 重庆市马尾松林改培试点工作

党的二十大报告明确指出："加强生物安全管理,防治外来物种侵害。"松材线虫病,是全球森林生态系统中最具危险性和毁灭性的森林病害之一,松材线虫属我国重大外来入侵物种,已被我国列入对内、对外的森林植物检疫对象。加强对松材线虫病的防控,遏制松材线虫病疫情扩散势头,是推进生态文明建设的时代呼唤。

为科学制定和完善全国松材线虫病防治政策,实现对松材线虫病由被动防治为主动防治,重庆市林业局会同试点实施区县政府、相关部门等联合编制了试点相关实施方案,先后报送了关于开展"松材线虫病防治与马尾松林改培试点""松材线虫病疫情防控与马尾松改造培育油茶试点"的请示,并经过充分调查、比选、论证,2021 年、2022 年,两个试点方案先后经国家林草局审批,同意开展建设实施。

4.1 试点基本情况

4.1.1 松材线虫病防治与马尾松林改培试点

（1）试点由来

面对松材线虫病在我国造成严重危害的形势,社会各界和各级领导高度关注。

为积极应对松材线虫病防治工作,国务院办公厅及相关部门多次安排部署,林业主管部门不断提出新的要求。我国松材线虫病的防治对策是随着对松材线虫病认识的不断深化和生产实践经验的不断总结而发展变化的,从早期以封锁、扑灭为主导的防治对策,到封锁、除治、保护、预防并举和因地施策的防治对策,再到目前的重点拔除、逐步压缩、全面控制,坚持分区分级管理、精准施策、系统治理的防治对策。

为深入探索马尾松林松材线虫病疫情科学防控、系统治理和森林可持续发展模式,2021 年 3 月,重庆市林业局向国家林业和草原局报送了关于开展松材线虫病防治与马尾松林改培试点的请示。国家林业和草原局对此高度重视,在组织专家到现场调研论证的基础上,6 月 21 日,国家林业和草原局办公室以办生字〔2021〕47 号同意我市在梁平区开展松材线虫病防治与马尾松林改培试点,并提出了六点工作要求。重庆市林业局统筹各相关单位编制完善试点工作实施方案,明确试点实施单位为重庆林投公司,会同梁平区政府严格落实试点工作实施方案,多措并举压实各方责任,努力为试点工作创造良好环境条件。试点工作由重庆市林业局履行部门属地管理责任,梁平区人民政府履行属地主体责任,重庆林投公司履行实施主体责任,引入设计、监理、施工等社会服务组织,梁平区村集体经济组织、林农深度参与,建立涉及项目组织和施工管理的一套完整、科学、高效的组织运行管理体系。

（2）试点地理位置

试点位于重庆市梁平区,四川盆地东部平行峡谷区,分布于梁平区东西两侧,介于东经 107°24′ ~ 108°05′、北纬 30°28 ~ 30°47′,东西横跨 52.1 km。试点区涉及 9 个镇街,分别为双桂街道、梁山街道、星桥镇、复平镇、蟠龙镇、云龙镇、回龙镇、聚奎镇、文化镇。试点区地貌以山区为主,兼有丘、坝,丘陵起伏,大小山丘星罗棋布,重峦叠嶂,沟壑纵横。试点区域具有冬暖春早、初夏多雨、无霜期长、湿度大、风力小、云雾多、日照少的气候特点。地势高于四周,为邻县溪河发源地,过境内客水量极少。

（3）试点森林资源概况

梁平区现有林地面积 137.7 万亩 (占辖区面积的 48.57%),其中森林面积 132.75 万亩,森林覆盖率 46.85% (梁平府发〔2021〕16 号),主要树种有马尾松、寿

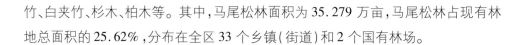

竹、白夹竹、杉木、柏木等。其中,马尾松林面积为 35.279 万亩,马尾松林占现有林地总面积的 25.62%,分布在全区 33 个乡镇(街道)和 2 个国有林场。

(4)实施前试点疫情概况

多年来,在全区严防死守和区域联防联治的环境下,松材线虫病除治已取得明显效果,但发生形势依然严峻,疫情时有发生,仍需持续加大防控力度,不断扩大防治成果。在试点开始前(以 2020 年数据为基础数据),全区 22 个街镇(林场)发生松材线虫病疫情,涉及 2 065 个松林小班,发生面积 11.38 万亩。根据重庆市松材线虫病疫情防控五年攻坚行动方案(2021—2025 年),梁平区属轻型疫区。在"十四五"攻坚行动期间,梁平区拟拔除松材线虫病疫点 ≥6 个(拔除面积 ≥0.75 万亩),同时还计划拔除小班面积 2.43 万亩。

根据梁平区 2020 年松材线虫病疫情专项普查结果,试点范围内 2020 年共有松材线虫病疫点 5 个,包括梁山街道、双桂街道、复平镇、蟠龙镇和云龙镇,疫情发生小班 56 个、面积 7 885.53 亩,2020 年病枯死松树共 516 株,主要分布在梁山街道(110 株)、双桂街道(24 株)、蟠龙镇(181 株)、云龙镇(201 株),复平镇当年无病枯死松树。

4.1.2 松材线虫病疫情防控与马尾松改造培育油茶试点

(1)试点由来

探索马尾松林改培的多种经营模式,是维护国家生态安全、提升森林价值和促进绿色发展的重大改革举措之一。国家林草局着眼国家粮食安全,提出在"十四五"时期全面建成 9 000 万亩油茶基地的战略目标,赋予了全国马尾松林改培试点新的历史使命。重庆市作为全国油茶种植适宜区,2023—2025 年规划新增改造油茶总任务 88 万亩,其中新增油茶种植 70 万亩,低产林改造 18 万亩。

为贯彻 2022 年中央一号文件关于"支持扩大油茶种植面积,改造提升低产林"的要求,落实自然资源部和国家林草局关于保障油茶生产用地的政策,重庆市林业局成立了工作专班,经过充分调查、比选、论证,会同酉阳县政府、彭水县政府、重庆林投公司联合编制完成《重庆市松材线虫病防控与马尾松林改造培育油茶试点工作实施方案》,于 2022 年 5 月 5 日,由重庆市林业局呈报国家林草局审批。2022

年 8 月 29 日,国家林草局办公室印发《关于同意重庆市开展统筹松材线虫病疫情防控与马尾松改造培育油茶试点的函》(办生字〔2022〕99 号),正式批复同意我市在酉阳县和彭水县开展试点工作。

在梁平区松材线虫病防治与马尾松林改培试点工作的基础上,我市进一步开展松材线虫病防控与马尾松改造培育油茶试点工作。按照国家林草局相关文件要求,重庆市自 2022 年 8 月起开展松材线虫病防控与马尾松改造培育油茶试点工作,试点总规模 5 000 亩,至 2024 年 6 月,试点各项任务和目标已初步达成。

(2)试点地理位置

试点总规模 5 000 亩,其中酉阳县 4 500 亩,彭水县 500 亩。试点期限 2 年,即 2022 年 8 月至 2024 年 8 月。试点要求坚持高标准示范、高质量发展,用系统思维强化森林保护、生态修复和综合治理,积极探索松材线虫病疫情防控与油茶基地建设相结合的新模式,提升松材线虫病疫情防控成效和森林综合效益,增强国家食用油生产和安全保障能力。

酉阳县地处武陵山区,位于重庆市东南部渝、鄂、湘、黔四省市接合部,地理坐标为东经 $108°18'25'' \sim 109°19'18''$。全县辖区面积 5 173 km²,是重庆市辖区面积最大的区县。试点涉及黑水镇和可大乡两个乡镇,其中黑水镇位于酉阳县北部,辖区面积 213 km²,距酉阳县城 30 km;可大乡位于酉阳县东部,辖区面积 107 km²,距酉阳县城 100 km。

彭水县位于重庆市东南部,地处武陵山区,居乌江下游。东南部接酉阳县。全县辖区面积 3 903 km²,是重庆市以苗族为主的少数民族自治县。试点涉及诸佛乡,位于彭水县东部,辖区面积 123 km²,距彭水县城 60 km。

(3)试点森林资源概况

酉阳自治县森林资源丰富,宜林面积广。酉阳自治县人民政府办公室公开报告显示,全县林业用地面积574.61 万亩,是重庆市林业用地面积最大的区县。有林地面积360.83 万亩,森林覆盖率63.65%,活立木蓄积量 1 610 万 m³,是全市森林资源大县。其他地类分别为:灌木林地 196.68 万亩,疏林地 8.21 万亩,无立木林地 1.54 万亩,未成林地 5.62 万亩,荒山荒地 0.094 万亩。主要木本植物有裸子植物 8 科 17 属 19 种,被子植物 63 科 132 属 194 种,竹亚科 12 种。乔木林中,马尾松面积 156.16 万亩,占乔木林面积的 43.6%,马尾松林中野生油茶资源分布面

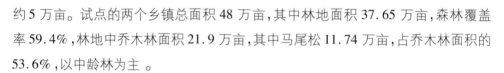

约 5 万亩。试点的两个乡镇总面积 48 万亩,其中林地面积 37.65 万亩,森林覆盖率 59.4%,林地中乔木林面积 21.9 万亩,其中马尾松 11.74 万亩,占乔木林面积的53.6%,以中龄林为主。

按照彭水县规划和重庆市规划和自然资源局第三次国土调查主要数据公报,彭水县辖区面积 585.45 万亩,林地面积 393.6 万亩,林地中,乔木林地 314.4 万亩、竹林地 4.56 万亩、灌木林地 73.4 万亩、其他林地 1.21 万亩。乔木林中,马尾松面积 111.97 万亩,占乔木林面积的 43%,马尾松林中野生油茶资源分布面积约 2.5 万亩。试点诸佛乡总面积 18.4 万亩,其中林地面积 11.5 万亩,森林覆盖率 53.7%,林地中乔木林面积 7.2 万亩,其中马尾松 4.76 万亩,占乔木林面积的66%,以近熟林为主。

(4)实施前试点疫情概况

酉阳县于 2017 年首次发现松材线虫病,2022 年底已拔除。截至 2022 年 10 月底,松材线虫病发生面积共计 9 600 亩,发生疫情小班共计 73 个,涉及 3 个镇街、1个国有林场。试点区域黑水镇和可大乡无疫情小班,因分别紧靠发生过疫情的桃花源街道和偏柏乡,仍有松材线虫病入侵风险。

彭水县于 2017 年首次发现松材线虫病,截至 2022 年 10 月底,松材线虫病发生面积共计 77 200 亩,曾先后发生疫情小班共计 1 145 个,涉及 21 个乡镇街。试点区域诸佛乡无疫情小班,因紧靠发生过疫情的桐楼乡,感染松材线虫病疫情的风险大。

4.2 试点保障措施

4.2.1 加强领导,高位推动

松材线虫病防控与马尾松林改培是努力探索松材线虫病防治、马尾松林改培提质与国家储备林建设相结合的创新工作机制。项目建设坚持"统筹规划、因地制

宜,科学培育、生态优先,政府引导、市场运作"的原则,实行政府主导、部门协作、社会参与的工作机制。重庆市林业局、相关区县人民政府和重庆林投公司建立联席会议、三方会审和工作调度制度,及时破解试点中遇到的政策、管理、技术等方面的瓶颈性问题,分别成立工作专班,落实各方责任,统筹推进试点工作。

重庆林投公司承担试点工作主体责任,具体负责项目实施,组织专业队伍开展松木采伐、无害化处置及造林更新,积极探索可复制、可推广的经验和模式。三区县政府履行属地责任,组织宣传发动,协调解决实施中的有关问题,为试点实施创造良好的外部环境,推动试点工作落地落实。重庆市林业局履行属事责任,牵头组织试点实施,争取相关支持政策,制定重点工作任务清单并打表推进。项目实施过程中,所属区县林业局、重庆林投公司、相关试点镇(乡)村、监理单位及施工单位代表等组建工作专班,开展进村入户、到点协调、召开院坝会等解决遇到的重点、难点、堵点问题。

4.2.2　注重宣传,有效引导

重庆市林业局、相关区县政府及重庆林投公司站在维护社会稳定,办好民生实事的高度,坚持舆情风险可控原则,切实做好舆论宣传引导工作。一是制定宣传工作方案和宣传提纲,明确宣传步骤和宣传目的,在试点工作的目的和意义、群众关心的主要内容、问题处理等方面统一宣传口径。二是通过政府通告、新闻发布会、宣传动员会、发放宣传单、竖立公示牌等多种形式开展宣传引导,按村社为单位设置试点宣传牌,共 60 个。三是联合相关部门做好舆情管理,针对有关舆情和林农关心的问题,及时做好回复及引导,营造试点工作的良好社会环境。

4.2.3　严格监督,依法管理

重庆市林业局、三区县政府及区县林业局认真履行监管指导责任,将疫木采伐、除治、运输、无害处置、安全利用、生态疏伐及更新造林等环节纳入"林长制"管理,建立严格的监管制度,落实监管责任,细化监管措施。加强方案、设计编制的指导,强化林木采伐及更新造林监管,结合森林督查等工作,依法打击乱砍滥伐等破坏森林资源行为。工程建设资金实行计划管理,不得擅自调整计划,变更建设地点或建设内容,扩大或缩小建设规模,提高或降低建设标准,拖延建设工期等。松材线虫病防治及改培资金做到专款专用,严禁挤占和挪用,建立资金使用管理制度、跟踪检查制度,确保有限的资金发挥最大的效益。

重庆林投公司做好疫情监测统计、综合防控评估、资金使用及安全生产管理等工作,根据疫木处理能力确定采伐量,实行封闭闭环管理,确保疫情监测、除治、运输、处理、安全利用及检查验收等环节全方位监管到位。项目实施全过程进行旁站式监督,确保监管无死角、疫木不流失、试点工作见成效。

4.2.4　完善政策,加大投入

重庆市林业局、相关区县政府统筹疫情防控与生态修复,优先将试点工作纳入国家和地方松材线虫病防治、森林抚育、木材战略储备、退化林修复、森林质量精准提升等生态工程项目和科技推广项目,在设施、设备、资金等方面给予倾斜支持。试点工作创新投资模式,由政府投入向多元投入转变,积极争取中央财政统筹专项资金、市区松材线虫病除治补助资金,落实金融机构融资和重庆林投公司配套自筹资金,保障试点工作资金支持。项目区县政府统筹交通、水利、农业、发改等各类资金用于完善试点区域基础设施,全面保障改培工作资金投入和成效。重庆林投公司在国家储备林项目建设中,配套落实相应的措施、技术标准及规范,积极争取有力的政策支持,确保试点工作任务顺利完成。一是完善储备林建设林地入股、流转政策,确保试点用地。二是制定试点建设相应的科学营林技术标准及规范,确保试点建设成效。三是积极争取国家和地方相关的税收、土地使用等优惠政策,加大试点工作扶持力度。

4.3　试点主要做法

在试点工作的实施过程中,构建全要素、全层级、全过程的立体化管理体系,坚持集中力量、集成作战,构建领导领衔、专班推进、合力攻坚工作体系,推动试点工作顺利完成,打赢了松材线虫病疫情防控攻坚战,探索了"两山论"转化路径和林业促进乡村振兴的具体措施。

4.3.1　成立工作专班,落实各方责任

一是成立工作专班。区县政府、区林业局、重庆林投公司分别成立工作专班,抽调精干力量参与试点工作。各级领导多次深入试点工作一线调研,召开专题会、调度会,研究解决试点过程中的问题。建立稳健的工作机制,全面掌握工作动态。二是落实各方责任。重庆市林业局履行行业管理属事责任,统筹调度指挥;梁平、酉阳、彭水政府履行属地责任,组织宣传发动,协调解决实施过程中的有关问题,为试点实施创造良好的外部环境;重庆林投公司履行主体责任,具体推动试点工作落地落实。

重庆市林业局印发试点工作方案,明确试点总体目标、任务分解和完成时间。重庆林投公司、项目区县林业局分别制定细化工作方案,按照工作方案倒排工期,责任到人,打表序时推进落地落实各项工作。为规范项目实施、促进方案设计落实和确保安全生产,重庆林投公司组织编制了《项目技术手册》《项目安全生产方案》《松疫木就地安全处置监管办法》《项目组织管理体系》《项目宣传提纲》等工作规范;举办试点工作管理与技术培训班,召开现场实操培训会,对参与试点工作的各级管理、技术以及操作人员进行全员岗前培训,通过培训学习,掌握科学营林、疫木采伐管理与安全生产知识及要求。

4.3.2　严格作业标准,保证工作质量

根据松材线虫病防治和改培相关制度规程要求,推进项目合规化和标准化建设对于提高项目质量和效益、加强管理、提升水平具有重要意义。

1)科学作业设计

编制科学可行的试点作业设计是保证试点工作顺利开展的前提。重庆林投公司聘请国家林草局西北调查规划院编制《重庆市松材线虫病防治与马尾松林改培试点作业设计》(以下简称《作业设计》),为试点工作的实施提供了技术指导。《作业设计》指出:通过带状皆伐、块状皆伐、择伐、生态疏伐等措施,进行松材线虫病疫

木除治、无害化处置及安全利用;根据适地适树的原则,对采伐地块采取更换树种、补植、林冠下造林等措施,营造鹅掌楸、桢楠、枫香树、麻栎、檫木、木荷等阔叶树种,将马尾松纯林逐步进行改造,形成针阔复层异龄混交林,推进松材线虫病疫情防控、提升林分质量。

2)制定工作导则

针对试点涉及的集材道修建、采伐强度控制、疫木运输、安全利用及改培带皆伐补植、保留带抚育间伐等关键环节和重点问题,规范制定林地收储管理导则、森林经营技术导则、山场作业工作流程、疫木监管方案及宣传舆情管控方案等内容。

3)规范作业行为

举办涉及试点工作的法律政策、项目管理与技术培训班,多次召开现场实操培训会,对参与试点工作的各级管理、技术以及施工、监理等人员进行全员岗前培训,使其深刻理解开展试点工作的重要意义,掌握相关政策及技术要领,提升试点工作质量和效果。

4)严格检查验收

实行实施单位自查、重庆市林业局核查验收和国家林草局整体验收三级管理,确保试点工作的质量和进度符合既定的标准与要求。实施单位对全部作业小班逐一进行现场检查,加强中间管理,发现问题及时整改。

4.3.3　实施闭环管理,全面精准防治

着力落实疫情防治责任,切实落实政府的主导责任、林业主管部门的部门责任、森防机构的专业技术责任。

1)严格执行管理办法

认真执行《松材线虫病疫区和疫木管理办法》,严格按照疫木无害化处理能力确定采伐进度,不在媒介昆虫羽化期采伐松树,不利用采伐的松木加工实木板材。

2)落实疫木处置规定

坚持以疫木清理为核心的综合防治技术路线,全面清理病死、枯死和濒死松树,严格执行疫木处置相关技术规定;加强对周边群众的宣传教育,强化疫木源头管理,严禁将疫木带出加工场地。

3)强化疫木运输管理

制定了疫木运输及处置流程等管理办法,开发具备轨迹监控、运输统计、收货

统计、装车记录、运单管理等功能的疫木运输一体化管理平台,设立运输专员制、运输专车制、入库专人制、运输台账制,做到疫木运输全程闭环管理。

4)探索疫木无害化利用

采用疫木分类分级安全利用方式,对于直径大于 10 cm 的马尾松木材,利用干材旋切成厚度不超过 0.3 cm 的薄片后加工成生态面板,废材和枝丫材粉碎后用于加工成人造板、活性炭等。

5)强化疫区疫情监测

统筹生态护林员、乡(镇)管护人员和社会化组织力量,强化疫情日常监测和专项调查,实现疫情监测常态化、网格化、精细化管理。构建以护林员地面网络化监测和航空航天遥感相结合的天空地一体化立体监测平台。

4.3.4　坚持适地适树,探索科学经营

按照《森林采伐更新管理办法》(1987 年 8 月 25 日国务院批准,1987 年 9 月 10 日林业部发布,根据 2011 年 1 月 8 日《国务院关于废止和修改部分行政法规的决定》修订)、《林木采伐技术规程》(GB/T 45088—2024)的要求,优先选择乡土或珍贵树种进行更新造林,促进形成树种多样的复层异龄复合型林分。采伐、抚育、更新等各项措施要落实到小班地块,确保科学实施森林经营。实施对象严格限定在坡度 35° 以下集体所有的马尾松人工商品林。一是合理选择造林树种。根据土壤、海拔、坡度坡向等立地条件选择造林树种,优先选择桢楠、鹅掌楸等珍贵、乡土树种,同时考虑森林防火功能和景观效果,增加木荷等防火树种、枫香树等彩叶树种。通过调整树种组成、结构和密度,着力培育大径级用材林,将马尾松纯林逐步改培成复层异龄混交林。二是探索科学改培模式。疫情严重的林分采取小块状皆伐模式,疫情较轻的成熟林、近熟林采取"团块状皆伐+间伐+更新造林+补植"的模式,疫情较轻的中龄林则采取"抚育间伐+补植"的模式。三是科学选取采伐木。坚持"先号后采"的原则,聘请重庆市林业科学研究院承担采伐号木工作,合理确定采伐木并喷漆标记,根据松林立地情况、松树健康状况、林地调查结果等核算采伐量,严格按照号木标记进行伐木作业,做到不漏采、不多采、不乱采。

4.3.5　坚持改革创新，推动持续经营

一是优化采伐审批。经农户和当地村委两级委托后由实施单位按小班集中办理林木采伐许可证，实现林木采伐审批便捷化和高效化。二是多途径推进林地经营权证办理。采用"承诺制"和"分股不分山"的机制，取消地籍调查，通过提交流转合同、权属证明、流转范围矢量数据等资料，整村办理不动产林地经营权证。三是强化林地流转管理。采用"村民—农村集体经济组织—重庆林投公司"的模式，村民将林地资源委托（签署委托授权书）给农村集体经济组织，再将本村集体林地流转至重庆林投公司进行统一经营管理。四是创新利益联结机制。试点工作创新油茶产业利益联结机制，与村集体经济组织、农户实现合作共建，利益共享。试点前三年由重庆林投公司集中管护，第四年和第五年由村集体经济组织管护，第六年及以后油茶基地投产的利润由建设方和试点村集体经济组织共同分配。

4.4　试点主要模式

4.4.1　科学防控模式

开展松材线虫病防控与马尾松林改培，探索马尾松林多种经营模式，是维护生态安全、提升森林价值、促进绿色发展的重大改革举措之一。试点工作主要是按照国家储备林改培技术规程、科学防控松材线虫病疫情指导意见、退化林补植修复技术规程、油茶栽培技术规程等指导文件，利用马尾松退化林，进行林分改造栽培复层针阔混交林和油茶经济林，同时对马尾松保留部分进行强度较大的抚育间伐，逐步降低马尾松比重，提升林地生产力，切实将松材线虫病防控、国家储备林建设和油茶基地建设有机结合，逐步丰富马尾松改培模式，提升改培效果。松材线虫病防控与马尾松林改培是关系国家生物安全和精准提升森林质量的重要探索，对未来

我国松材线虫病防控具有重要参考价值。

（1）防控思路、原则

松木采伐、防控严格遵守《国家林业和草原局关于科学防控松材线虫病疫情的指导意见》及有关规定。针对试点范围内的保留木,采用航空遥感技术与地面人工相结合的调查方式,全面开展松材线虫病监测防控工作。防控思路:坚持以松木清理为核心的综合防控技术路线,严格执行疫情除治各项技术规定,全面清理病死(枯死、濒死)松树,强化松木源头管理,严防松木流失、扩散,确保防控成效。试点工作坚持依法防控、精准施策、系统治理原则,以清理病死松树为核心,以疫木源头治理为根本综合防治策略,科学精准施策。

（2）防控做法

按照松材线虫病防治技术方案对试点范围内所有松林的死亡松树开展疫木除治,同时在试点区内布设人工引鸟点,从"以鸟治虫"生物防治的思路出发,探索人工鸟巢招引啄木鸟技术,利用啄木鸟抑制松材线虫传播媒介松墨天牛的种群密度,进行松材线虫病综合防治。

试点结合重庆本市实际,优选良种或在松林中套种乡土树种(阔叶树),提高松林对松墨天牛、松材线虫的抗性,增加了树种的多样性,使森林生态系统的结构和功能得以改善,从整体上提高了森林的抗病虫害能力。结合松材线虫病疫点改造工程与林业重点造林工程,优先安排、重点扶持和积极引导,减少松材线虫病发生面积。选择适合当地生长的树种作为替代树种,边采伐、边整地、边更新,尽快恢复植被,以期最终形成优质、高值且可持续发展的森林。

4.4.2　系统治理模式

（1）源头防控，科学除治

科学采伐,源头管控。试点工作坚持以疫木清理为核心的综合防治技术路线,同时通过修建集材道,将疫木运输至加工厂安全处理、降低郁闭度、改善林区环境条件等措施,变被动防治为主动防治,从发现一株清除一株变为主动伐除"三死木"、濒死木,同时补植阔叶树种,调整林分结构,逐步将马尾松纯林改造为复层异龄针阔混交林,增加林区生物多样性,削弱松材线虫的媒介昆虫的传播能力,以实现综合防治。

精准改培,系统治理。试点在采伐疫情小班及其周边的病死或其他原因致死松木的基础上,对小班内所有"三死木"、濒死木进行全面拔除和处理,进一步根据松材线虫病发生情况将松林分为改培带和保留带,改培带采用块状和带状皆伐除治方式,保留带采取间伐除治方式,通过采伐马尾松活疫木降低林分郁闭度和马尾松比重,以达到系统治理的目的。

(2)闭环运输,严防流失

在疫木运输前,协调改培试点区公安局、交通局等单位,确定合理的运输线路,开辟绿色通道,营造良好的交通运输环境,提高安全运输效率。由改培试点区林业局审核后办理特别临时通行证,证件需载明运输车辆、人员、运程及货物信息,实际运输行为须与证载信息完全一致。

在疫木启运时,由梁平区林业局代表、村委代表、监理单位人员以及现场管理人员对装车的木材数量进行清点并记录,确保所有木材装车,经四方签字确认后方可运输。对于当日未运输完,滞留在山场的采伐木,派专人进行值守,同时在交通要道设卡进行检查,防止疫木被盗。

在疫木运输过程中,用篷布遮盖,确保封闭式运输,同时全程进行电子监控,确保运输车辆按照规定的路线行驶,将木材安全运输至疫木定点加工处理厂,防止疫木在运输环节造成流失。

建立运输台账,疫木从现场启运时由四方代表向系统录入信息,疫木到厂验收后由入库专员向系统录入信息,系统通过运输信息可以自动生成运输电子台账,运输专员同时记录人工台账,加工厂记录过磅台账,三个台账每日一核对,确保疫木到厂数据的精准性。

(3)分类施策,安全利用

当日所有采伐的疫木下山,运输至加工厂,落实入库人,负责入库监管。

施工单位安排专人在山场及重要的交通要道实行24小时搭棚值守,防止疫木流失。

结合智慧林业 App 系统,通过现场四方(梁平区林业局代表、重庆林投公司人员、监理单位人员、镇村代表)确认,以及给运输车辆加装监控及 GPS 系统,在加工厂安装监控设备实时监控等,对疫木安全运输至加工厂实行全过程监管。

试点项目在严格按照冬春季媒介昆虫非羽化期实施的同时,采用全过程监管的方式将采伐的马尾松木分堆安全运输至指定加工厂,通过将规格材旋切成薄片(厚度≤0.3 cm)、进行热处理和变性处理后加工成生态面板;非规格材粉碎(削片)为颗粒物(短粒径≤1 cm)后用于加工为人造板、活性炭,或作为中药材、食用菌培养基进行再利用等方式实现疫木安全利用,进而替代采伐疫木在山场就地进行粉碎(削片)或烧毁处理的做法。

4.4.3 森林可持续经营模式

(1)改培目标

以目标树为框架的人工林全林经营,是在充分满足目标树生长条件的同时也关注其他树木的培育,提高全林立木生长量、价值量和中间收益。首先保留主林层基本稳定且有培养前途的优势林木,使上层优势林木具有稳定的生长空间,使之在整个改造期间能够承担上层基本郁闭度的主体作用,直到后续更新林木进入主林层;对于中龄林选择抚育间伐方式,调整林分密度,使林分郁闭度维持在0.6~0.7,提高林分生长量。

(2)目标树选择

对于马尾松人工林,确定以目标树为框架的森林经营方式,对干扰树进行伐除,保证目标树的生长,同时确定二级目标树,以保证森林资源的持续利用。

(3)林分改培

对疫情严重的林分采取小块状皆伐模式,疫情较轻的成熟林、近熟林采取"块状皆伐+间伐+更新造林+补植"的模式,疫情较轻的中龄林则采取"抚育间伐+补植"的模式。形成以马尾松为主,另外1~2种针阔树种为辅的乔木层加灌草结合的复层林体系,把马尾松同龄林分改造成异龄复层混交林分。在林下通过天然更

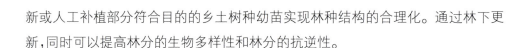

新或人工补植部分符合目的的乡土树种幼苗实现林种结构的合理化。通过林下更新,同时可以提高林分的生物多样性和林分的抗逆性。

4.5 试点主要成效

按照批复要求,重庆市梁平区自 2021 年 6 月起开展松材线虫病防治与马尾松林改培试点工作,截至 2024 年 5 月,试点工作任务全面完成。针对马尾松面积大、疫情小班多、林分条件差等问题,以重庆市梁平区坡度 35°以下的集体马尾松人工商品林为改培对象,涉及试点面积 2 万亩,采用"改培带更新造林"和"保留带间伐补植"两种主要方式,探索疫情防治向疫情防御、疫木除治向标本兼治、疫木无害化处置向安全利用、政府投入向多元投入转变的疫情防控与马尾松林改造培育模式和经验,将松树纯林逐步改造为多树种的复层异龄混交林,使松材线虫病疫情得到有效控制、林分质量得到有效提升。

重庆市酉阳县、彭水县自 2022 年 8 月开展试点工作以来,利用马尾松退化林,进行林分改造栽培油茶,同时对马尾松保留部分进行强度较大的抚育间伐,逐步降低马尾松比重,提升林地生产力,切实将松材线虫病防控、国家储备林建设和油茶基地建设有机结合,逐步丰富马尾松改培模式,提升改培效果。截至 2024 年 7 月,试点项目实施马尾松林分改培 5 003.4 亩,其中酉阳县 4 480.9 亩,彭水县 522.5 亩。

松林改造是松材线虫病防治工作变被动防治为主动防治的有效措施。对于没有发生松材线虫病的林分,有目的、有计划地提前更新改造松林,促使群落向功能更加稳定、结构更加合理的方向演替,是预防松材线虫病的生态措施。对于已经发生松材线虫病的林分,可结合国家、省和地方林分改造工程或其他造林项目,尽早、尽快对松林植物群落进行改造。一般情况下,对于松树比例低于 30% 的发病林分,采伐后采取封山育林措施,使林分恢复成混交林;对于松树比例高于 30% 的发病林分,采伐后及时补植乡土阔叶树种。伐后选择适合的树种及时更新,不仅有利于防止水土流失和有害生物的入侵,还能在短时间内形成较为稳定的生物群落,有利于巩固治理成果。

重庆市马尾松纯林面积占比大、松材线虫病传入后迅速扩散蔓延,森林蕴藏的巨大效益和综合功能无法得到有效发挥。试点工作通过疫木除治、安全利用和更新造林等环节,拓展松材线虫病疫木无害化处置和利用方式,并发展林下经济,促进林农群众增收致富,从而实现防治疫情、促进就业增收、助力乡村振兴和维护森林生态安全的多赢。同时,补种珍贵、乡土阔叶树种,进一步提升林地生产力和增强森林生态系统活力,促进林木生长并保持较好干形,提升现有林分质量,提高森林经营水平,增加优质珍贵森林资源储备,提升森林的综合功能和效益。通过试点,实现松材线虫病变被动防治为主动防治,疫情防治与林分质量提升双赢目标,为推动长江经济带、成渝地区双城经济圈的生态保护与修复,筑牢长江上游重要生态屏障作出积极贡献。

4.5.1　有效控制疫情,生态功能提升

通过对试点区域林间病、枯死松树开展规范的疫木除治,再配套实施营林改培措施后,松材线虫病病死松树数量显著降低。2020 年,梁平区试点区域内有松材线虫病疫情发生小班 56 个,病死松树为 516 株;2021 年病死松树为 394 株;2022年和 2023 年病死松树分别为 25 株和 7 株,且有 26 个小班连续 2 年无病死松树;截至 2024 年 6 月中旬暂未发现病死松树。2022 年 2 轮天牛样本携带松材线虫比例分别为 14.3% 和 7.7% ,2023 年 2 轮天牛样本携带松材线虫比例分别为 7.1% 和 3.7% ,2024 年 2 轮天牛样本携带松材线虫比例分别为 5.4% 和 3.6% ,天牛携带松材线虫比例明显降低。综合分析梁平区马尾松改培试点三年防治效果,松材线虫病疫情得到有效控制。

通过实施不同的改培措施,试点区域形成多树种、多层次的人工林生态系统,松材线虫病防治由被动防治变为主动防治,试点区域生态系统愈加复杂和稳定,森林抗病虫害能力不断增强。林下植被生物多样性明显增加,梁平区试点区域森林群落物种多样性丰富程度增加,生物多样性价值量相比于改培前增加 14.4%。同时随着林龄的增加,林分郁闭度和植被覆盖度不断增加,林分蓄积量不断增加,森林生态系统的服务功能将不断增强。酉阳试点工作通过对林间密度过大、长势不良的松树开展规范的抚育采伐,在马尾松林中空隙栽植油茶,降低马尾松比重,全面提高森林抗病虫害能力,增加森林生物多样性与生态系统稳定性,变被动防治为

主动防治,实现森林综合效益和质量精准提升。森林生态功能、生态系统稳定性、碳储量和碳汇能力逐步增强。同时有效缓解地表径流,减轻土壤侵蚀程度,增加土壤肥力,从而达到调节大气、净化空气、固碳、增加地表植被盖度、提高土地生产力的效果。有助于恢复和改善生态环境,促进生态系统良性循环;有效控制松材线虫病发生,增加森林抵御病虫害的能力;提高单位面积林地的蓄水、保土、涵养水源能力,提升抵御自然灾害的能力,有效减轻洪涝、泥石流、干旱、滑坡、崩塌、风灾等自然灾害影响。

4.5.2　森林结构优化,抗逆能力增强

马尾松纯林的集中连片,为松材线虫提供了丰富的食物来源和理想生境,群落结构和功能单一,致使林分生物多样性水平极低,系统防御能力差,抗病虫害能力弱。针对存在染病单株的马尾松林,可以充分利用马尾松的生物学特性,通过保留目的树种幼树,适当补植阔叶树,培育成阔叶林或针阔混交林。不同生物学特性的树种适当混交,能够比较充分地利用空间,有利于各树种分别在不同时期和不同层次范围内利用光能、水分及各种营养物质,对提高林地生产力有着重要作用。如混交林中树种对光照条件要求不一,林冠合理分层,喜光树种居于上层,得到充分的光能,而居于中下层的耐荫树种在中等光照条件下,仍有较高的光合作用效能。因此,混交林有效地利用了光能,提高了林分生物量的积累。混交林的根系发达,分布合理,可充分利用土壤养分。

作为喜光树种,马尾松前期生长速度快,与之混交的树种宜选择耐荫树种,作为其下层植被,主要原因是可以帮助防止次生枝的出现,促进林木生长。以马尾松为目标树经营体系中的混交树种,可以选择桢楠、香樟、枫香树、木荷等初期生长缓慢、喜阴湿的树种。近自然森林经营理念是系统的、多功能的、可持续的森林经营理念,严格遵循森林生态系统的自然演替规律,充分利用森林生态系统内在的自然力,促使森林树木的生长发育和演变,获得最佳森林经营效果。通过近自然经营关键技术的实施,以目标树为核心,以择优选优为手段,尽量避免由于过大的人工干预活动影响森林生态系统的稳定。改善林分结构、提高森林质量、优化森林景观、增强森林服务功能,最终将促进森林资源可持续经营与利用。

为调整马尾松林单一的林分结构,增强抗病能力,采取择伐、更新、补植、"引阔

入针"等营造林手段,对马尾松林进行改造经营,逐步形成混交、复层、异龄的稳定森林生态系统。选择抗病性较强的阔叶树种进行人工补植。采用适当密度配置栽植阔叶树种并逐步减少马尾松的组成比例。经过长期培育,形成马尾松与阔叶树混生的复合型林分。复合型林分可以显著提高林分的生物多样性,增强抵抗疾病的能力,改善微气候条件,有利于减缓病虫害的发生与扩散。同时,还可以提高土壤肥力,增加凋落物输入,丰富林下生物种群,改善林分生态环境。综合采取调控措施,可以培育健康的复合型林分,有效控制松材线虫病害的发生蔓延。

梁平区试点区域采伐马尾松,补植桢楠、枫香树、香樟、鹅掌楸、木荷等阔叶树种,使得马尾松纯林逐步培育成复层异龄针阔混交林。试点区域林分质量得到提升,保留带马尾松平均密度由改培前的 78 株/亩降至 35 株/亩;3 级木以上林木比例由 45% 增加至 100%;林木平均胸径由改培前的 9.5 cm 增至 14.2 cm,增加49.5%;平均生物量由改培前的 5.4 t 增至 7.0 t;平均冠幅由改培前的 2.1 m 增至2.8 m。通过改培,增加了林窗和林中空地的数量,提高了林下植被的天然更新能力,先锋树种密度增加,且林木长势旺盛,森林逐渐丰茂。酉阳县试点区域建设了约 16 km 的集材道和防火通道,不仅提高了林木采伐、运输、造林、管护作业效率,还极大地改善了后期油茶生产和森林经营的道路基础设施条件。这些通道在意外发生火灾时能够快速输送扑火工具和人员,还能发挥阻火作用,不断提升林区防火功能。同时,也方便了林区群众的生产和出行,为林区的可持续发展提供有力支持。

4.5.3　深化集体林权制度改革,带动林农增收

试点工作结合国家储备林建设,为当地林农带来稳定收益,致富林农群众,助力乡村振兴。一是林地流转,增强乡村振兴的凝聚力。试点工作认真落实建设深化集体林权制度改革先行区各项措施,完善集体林地"三权"分置运行机制,引导林农按照"依法、有偿、自愿"原则,将承包的集体林地委托给村集体经济组织统一流转到重庆林投公司,林农通过林地流转每年获得流转租金,将持续 30 余年。二是带动当地群众就近就地就业,激活乡村振兴的内生动力。通过林地流转、就近就地就业、林木采伐分成和参与油茶产业发展,增加了农户收益,同时提升了村集体经济组织收入。重庆林投公司积极在酉阳试点区域探索油茶产业发展新模式,围

绕全力打造油茶规模增长极重点,积极融入做大酉阳、彭水油茶县域富民特色产业。三是采伐分成,试点区域采伐木材,农户获得相应采伐分成。四是发展林下经济,在梁平区的改培带中,马尾松林下种植甜茶404亩,带动当地林农增收,较好实现了巩固拓展脱贫攻坚成果同乡村振兴有效衔接。在酉阳县和彭水县的马尾松林改培油茶试点区域,积极打造标准化直供基地,不断提高单位面积收益,推进生态产业化、产业生态化,发挥森林多功能效益,推进林业一二三产高质量融合发展,助推山区乡村振兴和县域经济发展。

第5章 马尾松林改培试点技术措施

5.1 立地类型划分

根据重庆市马尾松林地立地条件调查,以地形地貌、土壤类型和厚度作为立地类型划分的主要因子。马尾松主要分布海拔为 300 ~ 1 200 m,属于低山丘陵立地类型区,以立地类型区中的阳坡、阴坡划分 2 个立地类型组,每个立地类型组中以土层厚度划分立地类型。共分为 4 种立地类型,见表 5-1。

表 5-1 立地类型表

立地类型区	立地类型组	立地类型		地形		岩性与土壤			
		名称	编号	海拔	坡向	土壤名称	土层厚度	pH 值	石砾含量
低山丘陵立地类型区	低山丘陵阳坡立地类型组	低山阳坡中厚土立地类型	I -1	300 ~ 1 200 m	南、西、东南、西南	黄壤	≥40 cm	4.5 ~ 7	小于 30%
		低山阳坡薄土立地类型	I -2				<40 cm		

续表

立地类型区	立地类型组	立地类型		地形		岩性与土壤			
		名称	编号	海拔	坡向	土壤名称	土层厚度	pH 值	石砾含量
低山丘陵立地类型区	低山丘陵阴坡立地类型组	低山阴坡中厚土立地类型	Ⅱ-1	300 ~ 1 200 m	北、东、东北、西北	黄壤	≥40 cm	4.5 ~ 7	小于 30%
		低山阴坡薄土立地类型	Ⅱ-2				<40 cm		

5.2　树种选择及配置模式

5.2.1　梁平区树种选择及配置模式

梁平区松材线虫病防治与马尾松林改培试点项目树种选择:根据适地适树原则及试点工作要求,试点工作实施后既可优化林分质量,提高马尾松林的抗疫性,树种选择以鹅掌楸、枫香树、麻栎、桢楠、木荷等阔叶树种为主,为增强防火阻隔效果,在带状改培区域主要选择栽植木荷等防火树种。

配置模式:依据造林立地类型划分标准,按照适地适树的原则,设计 12 种造林模型,见表 5-2。其中,带(片)状造林类型 7 种,补植补造类型 5 种。

表5-2 梁平区带（块）造林及补植补造造林类型设计

单位：株/亩、厘米、株

编号	类型	培育目标	树种	适宜立地类型	混交方式	混交比例	株行距 树种1	株行距 树种2	配置方式	初植（补植）密度	整地 方式	整地 长×宽×深	造林 时间	造林 方式	基肥	追肥（3次）	管护
1	带（片）状造林	珍贵树种、乡土树种	鹅掌楸 * 香樟	I-1	带状混交	6:4	3*3	2*3	品字型	89	穴状	40 cm×40 cm×30 cm	11月至次年1月	植苗	0.25 kg/穴	0.75 kg/穴	造林当年及后2年，连续开展3次幼林抚育，抚育时间为每年的5—6月，9—10月。抚育方式为锄抚和刀抚相结合，第1年抚育结合补植，第2、3年除草松土。
2		珍贵树种	鹅掌楸 * 麻栎	I-1、II-2	带状混交	6:4	3*3	2*3	品字型	89	穴状	40 cm×40 cm×30 cm	11月至次年3月	植苗	0.25 kg/穴	0.75 kg/穴	造林当年及后2年，连续开展3次幼林抚育，抚育时间为每年的5—6月，9—10月。抚育方式为锄抚和刀抚相结合，第1年抚育结合补植，第2、3年除草松土

续表

编号	造林类型			适宜立地类型	树种配置					初植(补植)密度	整地		造林		施肥		管护
	类型	培育目标	树种		混交方式	混交比例	株行距 树种1	株行距 树种2	配置方式		方式	长×宽×深	时间	方式	基肥	追肥(3次)	
3	带(片)状造林	乡土树种	麻栎*、枫香树	I-2	带状混交	6:4	2*3	2*3	品字型	111	穴状	40 cm×40 cm×30 cm	11月至次年3月	植苗	0.25 kg/穴	0.75 kg/穴	造林当年及后两年,连续开展3次幼林抚育,抚育时间为每年的5—6月,9—10月。抚育方式为每锄抚和刀抚相结合,第1年抚育结合补植,第2,3年除草松土
4	带(片)状造林	珍贵树种、乡土树种	鹅掌楸、枫香树*	I-2、II-2	带状混交	6:4	3*3	2*3	品字型	89	穴状	40 cm×40 cm×30 cm	11月至次年3月	植苗	0.25 kg/穴	0.75 kg/穴	造林当年及后两年,连续开展3次幼林抚育,抚育时间为每年的5—6月,9—10月抚育方式为每锄抚和刀抚相结合,第1年抚育结合补植,第2,3年除草松土

序号	造林类型	树种		苗木	混交方式	比例配置	排列方式	密度	整地方式	整地规格	造林时间	造林方法	基肥		抚育措施
5	带（片）状造林林	珍贵树种	鹅掌楸 * 桢楠	Ⅱ-1	带状混交	6：4　3 * 3　2 * 3	品字型	89	穴状	40 cm ×40 cm ×30 cm	10月至次年4月	植苗	0.25 kg/穴	0.75 kg/穴	造林当年及后两年，连续开展3次幼林抚育，抚育时间为每年的5—6月,9—10月。抚育方式为锄抚和刀抚相结合，第1年抚育结合补植，第2、3年除草松土
6		珍贵树种、乡土树种	桢楠 * 枫香树	Ⅱ-1	带状混交	6：4　2 * 3　2 * 3	品字型	111	穴状	40 cm ×40 cm ×30 cm	10月至次年4月	植苗	0.25 kg/穴	0.75 kg/穴	造林当年及后两年，连续开展3次幼林抚育，抚育时间为每年的5—6月,9—10月。抚育方式为锄抚和刀抚相结合，第1年抚育结合补植，第2、3年除草松土
7	乡土树种林	乡土树种	木荷	Ⅰ-1	纯林	2 * 3	品字型	111	穴状	40 cm ×40 cm ×30 cm	10月至次年4月	植苗	0.25 kg/穴	0.75 kg/穴	造林当年及后两年，连续开展3次幼林抚育，抚育时间为每年的5—6月,9—10月。抚育方式为锄抚和刀抚相结合，第1年抚育结合补植，第2、3年除草松土

续表

编号	类型	培育目标	树种	适宜立地类型	混交方式	混交比例	株行距 树种1	株行距 树种2	配置方式	初植(补植)密度	整地 方式	整地 长×宽×深	造林 时间	造林 方式	基肥	追肥(3次)	管护
8		珍贵树种、大径材	香樟	I-1					随机	20~40	穴状	40 cm×40 cm×30 cm	10月至次年4月	植苗	0.25 kg/穴	0.75 kg/穴	造林当年及后两年,连续开展3次幼林抚育,抚育时间为每年的5—6月,9—10月抚育方式为锄抚和刀抚相结合,第1年抚育结合补植,第2、3年除草松土
9	补植补造	珍贵树种、大径材	麻栎	I-1、II-2					随机	20~40	穴状	40 cm×40 cm×30 cm	10月至次年4月	植苗	0.25 kg/穴	0.75 kg/穴	造林当年及后两年,连续开展3次幼林抚育,抚育时间为每年的5—6月,9—10月。抚育方式为锄抚和刀抚相结合,第1年抚育结合补植,第2、3年除草松土

序号	改培方式	树种					整地方式	规格	时间	方式			抚育措施
10	补植补造	乡土树种	枫香树	I-2		随机	20~40	穴状	40 cm×40 cm×30 cm	10月至次年4月	植苗	0.25 kg/穴	0.75 kg/穴	造林当年及后两年，连续开展3次幼林抚育，抚育时间为每年的5—6月,9—10月抚育方式为锄抚和刀抚相结合，第1年抚育结合补植，第2,3年除草松土
11		珍贵树种、大径材	桢楠	II-1		随机	20~40	穴状	40 cm×40 cm×30 cm	10月至次年4月	植苗	0.25 kg/穴	0.75 kg/穴	造林当年及后两年，连续开展3次幼林抚育，抚育时间为每年的5—6月,9—10月。抚育方式为锄抚和刀抚相结合，第1年抚育结合补植，第2,3年除草松土
12		珍贵树种、大径材	鹅掌楸	II-1		随机	20~40	穴状	40 cm×40 cm×30 cm	10月至次年4月	植苗	0.25 kg/穴	0.75 kg/穴	造林当年及后2年，连续开展3次幼林抚育，抚育时间为每年的5—6月,9—10月抚育方式为锄抚和刀抚相结合，第1年抚育结合补植，第2,3年除草松土

5.2.2 酉阳县树种选择及配置模式

酉阳县松材线虫病防控与马尾松改造培育油茶试点项目树种选择:油茶(长林系品种)、红花油茶、桢楠。

配置方式:根据本项目造林地的立地类型特点和土壤条件,按照因地制宜、适地适树等原则共设计 3 个造林类型。

(1)林分改培+复壮+补植良种油茶(模型Ⅰ)

改培面积 193.4 亩,涉及 10 个小班,13 个细班。优势树种为马尾松,伴生树种主要为杉木、栎类、青冈、柏木、杨树、其他软阔及硬阔等,郁闭度 0.65 ~ 0.75,每亩株数介于 58 ~ 130 株,通过采伐现有马尾松林,平均郁闭度降低至 0.2,保留木株数根据郁闭度进行控制,选择原有老油茶进行复壮,对伐后林中空地补植长林系油茶,补植林木成活率应达到 85% 以上,3 年保存率应达 80% 以上。补植后小班密度为 74 株/亩。

现有树种:优势树种马尾松,伴生树种杉木、栎类、青冈、杨树、其他软阔及硬阔等。

复壮树种:原有老油茶。

复壮株数:10 株/亩为宜。

补植树种:油茶(长林系品种)。

配置方式:长林 40 号(30%)+长林 4 号(40%)+长林 53 号(30%)。

补植后林分密度:74 株/亩。

整地方式:带状整地。

株间距:株间距 3 m。

定植穴规格:50 cm×50 cm×40 cm。

(2)林分改培+新造良种油茶(模型Ⅱ)

改培面积 1 787.9 亩,涉及 73 个小班,124 个细班。优势树种为马尾松,伴生树种主要为杉木、枫香树、槭树、栎类、青冈、杨树、其他软阔及硬阔等,郁闭度0.4 ~ 0.75,每亩株数介于 33 ~ 150 株。通过采伐现有马尾松林,平均郁闭度降低

至0.2,保留木株数根据郁闭度进行控制,对伐后林中空地补植长林系油茶,补植林木成活率应达到85%以上,3年保存率应达80%以上。补植后小班密度为74~88株/亩。

现有树种:优势树种为马尾松,伴生树种主要为杉木、枫香树、槭树、栎类、青冈、杨树、其他软阔及硬阔等;

补植树种:油茶(长林系品种);

配置方式:长林40号(30%)+长林4号(30%)+长林53号(30%)+长林18号(5%)+长林3号(5%);

补植后林分密度:74~88株/亩;

整地方式:带状整地;

株间距:株间距3 m;

定植穴规格:50 cm×50 cm×40 cm(土层较薄的地块,穴规格可控制在40 cm×40 cm×30 cm)。

(3)择伐+补植红花油茶及珍贵用材树种(模型Ⅲ)

改培面积2 926.0亩,涉及73个小班,156个细班。优势树种为马尾松,伴生树种主要为杉木、香樟、青冈、栎类、枫香树、泡桐、杨树、其他软阔及硬阔等,郁闭度0.65~0.75,每亩株数介于33~132株。通过采伐现有马尾松林,郁闭度降低至0.5~0.6,保留木株数根据郁闭度进行控制,对伐后林中空地、林窗、林隙处种植珍贵用材树种桢楠,在林缘种植红花油茶。补植林木成活率应达到85%以上,3年保存率应达80%以上。补植后小班密度为74~88株/亩。

现有树种:优势树种为马尾松,伴生树种主要为杉木、香樟、青冈、栎类、枫香树、泡桐、杨树、其他软阔及硬阔等。

补植树种:红花油茶、桢楠。

补植后林分密度:74~88株/亩。

整地方式:穴状整地。

株间距:株间距3 m。

定植穴规格:红花油茶50 cm×50 cm×40 cm,桢楠40 cm×40 cm×30 cm。

5.3 造林技术措施

5.3.1 梁平区造林技术措施

（1）整地

带(片)状造林和补植补造均采用穴状整地方式。树穴均为方形,树穴规格为40 cm×40 cm×30 cm。带(片)状造林在整地前要清除灌草,挖坑时表土、心土分别堆放,挖好后把熟土垫入坑内,再在坑的外缘用生土环状围成高20～25 cm 的土埂形成树池便于集水。对于示范点造林整地,树穴规格为50 cm×50 cm×40 cm。

（2）栽植

1）栽植时间

以当年11 月至次年3 月为宜。

2）苗木及初植密度

种苗不仅是造林成败的前提和物质保障,而且关系着林木的品质及对环境的适应能力。应采用当地苗圃培育的大规格优质壮苗,以及试点区林木种苗管理部门组织供应的或经其检验的符合要求的苗木。

按照《造林技术规程》(GB/T 15776—2023)并结合当地造林经验,合理确定各树种初植密度。根据造林类型,带(片)状造林初值密度为每亩88～110 株,补植补造根据采伐强度合理确定补植量。

3）造林方式

全部采用植苗造林。栽植前应将表土与有机肥等混合后回填,回土时混合保水剂,植苗前用防蚁药浸根,植苗后施放防虫药于每株苗木根颈周围,以提高造林成活率。栽植技术要领:扶正、栽直、分层填土、轻提苗木、分层压实,使苗木根系与土壤接触密实,栽后立即透水灌溉,水渗后扶正苗木,培土封穴。

（3）抚育管理

造林以后特别是在 3 年施工养护期内,应加强对新造林地的抚育、管理与管护,主要内容包括松土除草、灌溉、施肥、病虫害防治、管护等。

1）松土除草

松土除草在造林当年秋季或造林后第 2、第 3 年的春季和秋季实施,实施扩坑松土(宽 1.3 m),松土深 10 ~ 15 cm。第 2 年、第 3 年,每年除草松土 1 次,松土深度 10 ~15 cm。春季于萌芽前进行,夏秋两季在雨后进行,结合施肥,将杂草埋入土内。除草要做到除早、除了、除小,并不得损伤树根。

2）灌溉

气候变暖背景下,重庆地区高温干旱呈现频发、强发的特点。高温干旱易加快蒸散、造成土壤和植被失水迅速,对水资源、生态环境、农林生产和社会经济造成严重影响。新造林和幼林推荐的技术措施,重点考虑补水、降温、保湿、防辐射等。

①浇水抗旱。有条件的基地要及时浇水抗旱。每株将幼树基部浇透,浇好后能适当覆盖更理想;浇水时间宜为早上或傍晚,不宜在土温较高的中午或下午进行。

②覆盖保湿。选用稻草、杂草、乔灌木的枝叶、草编纤维、纸片等进行覆盖。覆盖要盖满幼树蔸基部,为防风吹,还可适当在覆盖物上压一些松土;周边山林或竹林较多时,还可收集一些林间的落叶和腐殖土覆盖基部。

③对有萎蔫反应的可适当进行修剪枝叶,控制水分蒸发。

3）施肥

造林当年及后两年对幼树进行施肥。幼树施肥应采取薄施勤施的原则。每年施肥 1 次,以含微量元素的有机专用肥为主,施肥量为 0.25 kg/株。应尽量不采用化肥施用,多施畜粪等有机肥、菌肥及生物肥料,可在树下种植苜蓿等豆科绿肥植物增加土壤肥力。施肥时,在植穴等高范围距离植株 20 ~30 cm 处挖穴,每株挖一穴长 20 cm、宽 20 cm、深 15 cm,放肥均匀后回土至平地面。

4）病虫害防治

造林后应加强幼树病虫害防治。病虫害防治应坚持“预防为主、综合治理”的原则。通过合理施肥、灌水、修剪来增强树势,提高树木的抵抗力。积极采用物理防治措施与生物防治措施,尽量减少化学农药的施用。必须采用化学防治时,应选用低残留、低污染农药,并严格控制用量。植苗前用"绿僵菌"溶液浸泡苗根 1 分钟防蚁药浸根,植苗后用"地星"施放苗木根颈周围防治虫害。

5) 管护

抚育管护 3 年,从栽植完成后开始管护。造林后应加强幼树管护。根据需要对苗木进行必要支护,防止风倒。加强巡护,对当地居民开展宣传教育,严禁牛羊等牲畜进入造林地块,严防人为破坏和偷盗苗木,确保造林成果。

6) 补植

造林后应定期检查苗木存活情况,及时对死亡苗木进行补植。一般春季造林,当年秋季补植;秋季造林次年春季补植。两年养护期满,成活率要求达到 80% 以上。

5.3.2 酉阳县造林技术措施

(1) 油茶栽培措施

1) 整地

试点区油茶造林整地方式主要为带状整地。整地时宜顺坡由上而下挖垦,挖垦深度在 30 cm 左右。只挖种植带,保留带保留不影响造林和苗木生长的植被。

2) 品种选配

油茶为虫媒异花授粉结实植物,不宜单品种建园,应选 3 ~ 5 个品种搭配种植,单一品种成块面积不宜超过半亩。试点区采用长林系品种。

配置方式:长林 40 号(30%)+长林 4 号(40%)+长林 53 号(20%)+长林 18 号(5%)+长林 3 号(5%)。

3) 挖穴与定植

定点挖穴:根据试点区实际及采伐林木情况,结合改培区域保留林木密度,油茶初始密度为 15 ~ 58 株/亩。株间距 3 m;挖穴规格要求 50 cm×50 cm×40 cm。定植前每穴施高品质专用有机肥 4 kg 作基肥。

种植:宜在苗木萌芽前气温不低于零度的秋冬季种植(11 月至翌年 2 月底),容器苗可适当延后。尽量在下透雨后的阴天或小雨天栽植。按品种配置方案(配置品种不少于 3 个)分品种行状或块状种植,要求适度深栽(嫁接口埋入土内

5 cm)、苗木扶正、根系舒展、根土紧实,最后在植株四周覆填松土,覆土高出周围地表 10 cm 左右,呈馒头状。

4)抚育管理

施肥:造林后 1 ~ 2 年,春梢萌芽前点施复合肥。具体方法为:用铁棒在距离树干 20 cm 处,向树根方向倾斜 25° 插一施肥孔(孔径 3 ~ 5 cm,深 15 ~ 20 cm),沿孔壁施入复合肥 15 ~ 20 g,施后以土封口并踩实。

培兜:栽后 2 ~ 3 个月,对种植穴出现下沉凹陷的植株及时培土加高至地面 10 ~ 20 cm,确保不积水。

树体管理:幼林应以整形为主,轻度修剪,控制徒长枝、偏冠枝,促进侧枝生长,形成低矮的圆柱形或自然圆头形树冠,扩大树冠提早结果。

具体操作如下:①徒长枝短截。徒长枝最高分枝点上移 20 cm 短截,即冠层主体外延 20 cm 修剪。②偏冠枝修剪。对明显生长在冠层主体以外、易导致树冠紊乱的枝条,在其位于冠层主体外边缘处进行短截(留朝上芽)。

注意:凡进行修剪的枝条均要求处于木质化阶段。

5)病虫害防控

油茶最常见的有炭疽病、软腐病、根腐病、煤污病、白绢病、半边疯等病害和蛀茎虫、蓝翅天牛、茶籽象、茶天牛、闽鸠扁蛾、蛴螬、油茶叶甲、毒蛾、尺蛾、刺绵蚧壳虫、粉虱、茶蚕、茶梢蛾等害虫,主要采取选用抗病品种、改善林地通风透光条件、诱杀以及低毒高效药剂等方法进行病虫害防控。

①炭疽病

炭疽病分布于陕西、河南南部地区及长江流域以南各省油茶栽培区,危害油茶、茶、山茶。通常 4 ~ 5 月开始发病,7 ~ 9 月蔓延最快,落果也最多,直至采收为止。

防治措施:

a.加强油茶林管理。结合油茶林管理,增加林地通风透光度,提高油茶树的抗性;清除油茶林中炭疽病的病株、病果等病原物,最大限度地控制和消灭病原物。

b.化学防治。根据病害发生特点,在发病初期开始喷药,有效药剂与方法有:每亩每次用 70% 甲基托布津 60 ~ 90 g(有效成分 41.7 ~ 62.5 g),对水喷雾,隔 10 天喷 1 次,共喷 3 ~ 5 次;用 80% 代森锰锌可湿性粉剂 400 ~ 600 倍液,发病初期喷洒,连喷 3 ~ 5 次。

②油茶象

油茶象又叫山茶象,属鞘翅目象甲科。分布于安徽、上海、江苏、浙江、福建、江西、湖北、湖南、广东、广西、四川、贵州、云南。危害油茶、茶树和山茶科山茶属多种植物的果实。

防治方法:

a.加强油茶林管理。结合秋冬垦复,可以击毙部分幼虫;老林应适当整枝,改善通风透光条件,可以促进油茶生长健壮,减轻危害。

b.人工防治。在成虫盛发期,可利用成虫假死性,用人工捕杀;在落果盛期,捡拾落地茶果,集中销毁,可以消灭果中幼虫,兼防油茶炭疽病越冬病原。

c.晒场灭虫。油茶采收后,集中堆放晒场时,可以放鸡啄杀;广西、湖南等地有人将茶果堆集于稻田,待茶籽收完后,放水浸泡,以淹死幼虫。

d.药剂防治。用8%绿色威雷200~300倍液在成虫羽化后喷1次,成虫在茶枝、幼果上爬行时中毒而死,防治效果较好。

(2)红花油茶和桢楠栽培措施

1)树种配置

根据采伐强度,对伐后林中空地、林窗、林隙处种植珍贵用材树种桢楠,在林缘种植红花油茶。

2)种植穴规格

采取穴状整地方式,红花油茶整地规格为 50 cm×50 cm×40 cm,桢楠整地规格为 40 cm×40 cm×30 cm。

3)补植密度

补植密度:红花油茶 5 株/亩,桢楠根据采伐强度确定,通常 7~44 株/亩。

4)栽植技术

①裸根苗。栽植时苗干应扶正,根系应舒展,深浅应适当,按照"三埋两踩一提苗"的方式进行栽植,先填表土,填土一半后轻提苗,轻轻踩实,再填土踩实,最后覆上心土。

②容器苗。栽植时应将容器去除,苗干应扶正,栽植过程应避免散球,先填表土后填心土,填完土后沿泥球周边轻轻压实。

5)基肥施用

新植红花油茶苗需每株施用有机肥 4 kg 左右作为基肥,应施于种植穴底部,覆

±10 cm 左右,混匀后方可栽植苗木。补植的其余珍贵用材树种施用基肥 250 g/株。

5.4   伐前准备

5.4.1   办理林木采伐许可证和集材道审批

伐区在实施采伐作业前,试点工作实施单位向区林业局提交采伐、集材道审批申请,区林业局对采伐作业设计等材料审核后,依法向采伐单位核发林木采伐许可证、办理集材道审批手续。

5.4.2   伐前公示

开展采伐作业前,在当地广播电视、报刊等新闻媒体上开展对试点的相应宣传;实施采伐作业的单位要在伐区及其附近的交通要道设立告示标识,进行采伐前公示,并对区林业局核发的林木采伐许可证、集材道审批手续进行公示。

5.4.3   伐区拨交

采伐业主根据办理的林木采伐许可证和作业设计文件,向采伐实施单位进行伐区现场拨交,以采伐作业设计图为依据,利用平板电脑及林业调查软件现地确定。内容包括采伐地点、年限、标准、采伐方式、范围、面积、蓄积、树种等,区林业局适时指导。

5.5　实施采伐

5.5.1　科学号木

在采伐前,负责伐区采伐监督(或技术指导)人员必须根据设计要求明确采伐对象(病、枯、濒死木),对伐区内采伐木进行标号、检尺,同时计算采伐木蓄积量,当采伐木蓄积量达到设计要求的70%~80%时,应停止号木。统计实际采伐蓄积量,当采伐蓄积量达到或接近采伐设计采伐量时,停止号木、采伐。如统计实际采伐量与设计的差值,用已检尺立木蓄积量反推算还应增加的采伐株数,并进行画记,当采伐面积、检尺木蓄积量基本达到小班设计面积、蓄积量时,应停止检尺采伐。

5.5.2　采伐作业

严格按采伐证的规定内容实施采伐,原则上采伐进度和强度要与松木无害化处理能力相匹配。采伐业主自我监督,县林业局适时检查指导,预防超范围采伐。

木材采伐要严格控制林木倒向。一般做法是伐倒木顺序倒向集材道,使之便于打枝、造材、集材。伐木时采取以下防范措施:①通过伐木桩斧口错位,确定树木倒向以免伤害保留木。一般树木倒向斧口位低的朝向,反向斧口位应高出几个厘米。②通过木棍叉推倒和绳索牵引控制树木的倒向。

采伐木倒后,立即进行打枝,必须顺着枝丫伸出方向紧贴树干打枝,打枝顺序是由根部至树梢,当打枝至树干梢端直径6 cm处时停止打枝,保留树梢端枝丫可加快采伐木水分蒸腾。打枝结束后,立即剥皮。

采伐后,将伐倒木截断(如遇树干弯曲部分,应避开截断),然后运至伐区集材收集地。根据伐区条件,采用人工或机械集材。

5.5.3　伐桩处理

按国家松材线虫病防控最新要求进行伐桩处理,伐桩高度不得超过5 cm,全部剥皮,对病(枯、濒)死木、有天牛蛀道及其侵入孔的伐桩按规定进行药物处置并用0.8 mm以上厚度的塑料薄膜覆盖,并用土压实塑料薄膜,或对上述伐桩挖出粉碎(焚烧)。

5.5.4　运输

根据集材道审批线路进行集材道的修建,运输过程采用覆盖封闭运输,并采取监控设施全程摄像并存档备查,严防疫木流失。

5.6　伐后验收

采伐结束后,由采伐业主组织专业人员进行伐区验收。内容包括实际采伐面积、蓄积、采伐类型和采伐方式、地点、范围是否与采伐许可证规定的内容相符。并写出采伐验收报告,填写验收单,按照伐区小班建立采伐台账,并明确验收责任人,汇总后县林业局适时组织抽查复核,对违法采伐的,依法处理。

5.6.1　采伐验收合格证的发放

经检查验收合格的伐区,由县林业主管部门发放采伐验收合格证。因伐区清理、环境影响和资源利用造成不合格的,发放整改通知书,限期纠正,直到合格时方能发证。因越界采伐、超林木采伐许可证规定范围造成不合格的,由县林业主管部门按相关法律法规的规定处罚,不发放采伐验收合格证。

5.6.2　伐后公开

采伐结束后,市民申请公开采伐执行情况以及有关税费标准和收取等情况信息的,由县林业局按照有关规定答复。其中,对可以公开或让群众监督具有普遍意义的,可以主动公开。

5.6.3　伐区更新验收

伐区更新验收在更新完成后进行,由县林业主管部门负责验收,经检查验收不合格的小班,由采伐单位继续补植,补栽后第三年进行复查。上级林业主管部门根据要求对更新地块进行抽查。

5.7　集材道建设

5.7.1　总体思路

集材道设计在满足集材方式、集材强度、运输安全、迅速的前提下,应兼顾工程投资与运营效益。考虑到作业区点多分散,结合现有通村公路条件,采用四轮农用车集材方式,具有爬坡能力强、效率高、速度快的特点。集材道选择稳定的地点,考虑作业区地质、地形等条件及使用林业机械车辆种类,采用最小限度的挖方、填方,力求挖填平衡,并尽可能利用现地自然资源完成。

5.7.2　设计标准

根据《林区公路工程技术标准》(LYJ 5104—1998),采用四级林区公路技术标准,道路宽度4 m,可根据实际地形、坡度等适当调整,路面采用碎石路面,示范区集材道可考虑采用混凝土路面。详见表5-3。

表5-3　主要技术指标

序号	标准名称	标准单位	采用值
1	设计速度	km/h	15
2	平曲线一般最小半径	m	20(40)
3	平曲线极限最小半径	m	12(30)
4	不设超高圆曲线最小半径	m	40
5	缓和曲线最小长度	m	20
6	最大纵坡	%	5
7	最小坡长	m	80
8	路基宽度	m	4.0
9	标准轴载	—	60 kN
10	车辆荷载	级	林-25
11	路基洪水频率	—	1/25

5.7.3　建设方案

（1）路基

1)纵坡

集材道的纵断面坡度与中心线的路线形状一样,必须重视挖填高度、控制挖填土量,并防止灾害发生。不要让固定的纵断面坡度持续太长,途中可设计逆向坡。为了车辆能安全行驶,陡坡的前后需适度设置缓坡区间,尤其应特别注意车辆下坡行驶是否安全。

2)路基压实

路基压实采用重型击实标准,回填由近及远分别采用人工夯实,小型至中型和大型压实机具作业,既不能对构造物产生不利影响,又必须达到压实的要求。详见

表5-4。

表 5-4 路基压实标准

填挖类别	路槽底面以下深度/cm	压实度/%
填方	0～80	>93
	80 以下	>90
零填及挖方	0～30	>93

3）路基防护

为防止水流和其他自然作用对路基的破坏,应根据当地水文、地质及筑路材料等情况,采取有效的防护和加固措施。

填方边坡:在地面横坡很陡无法填筑较高路堤的局部路段,因地制宜的设置路肩墙;在地面横坡较陡的填方边坡(H<2 m)这类无法与地面线相交或延伸很远的路段,设置护肩;在路基填方坡脚伸出较远后有可能不稳固的路段,例如地质情况变化、坡脚地面突然变陡、坡脚位于受雨天径流冲刷的坳沟内等,视情况设置护脚。

挖方边坡:本试点工作中挖方边坡(H≤4 m)路段一般不作防护,对于稳定性差的挖方路基边坡的挖方路段,设挂双网喷射有机基材以作防护。

挡土墙:为与沿线地形及周围景观相协调,少占农田、少拆迁建筑物,同时为了加宽路基或保持路基的稳定,根据需要设置挡土墙。

（2）路面

路面设计充分考虑了沿线的气候、地形、地质、水文、交通条件,遵循因地制宜、合理取材的原则,合理确定路面类型及结构组合,原则上不做混凝土或沥青混凝土,采用碎石路面,路基横断面采用全等形。

（3）错车道

错车道设置在有利通视的地点,以避免倒车避让。错车道的间隔长度不宜超过500 m,错车道铺设与行车道相同的路面。

（4）排水系统

排水系统由路面排水、路基边沟、排水沟、截水沟、急流槽等排水构造物组成。

路拱横坡采用 2.0% ,边坡平台采用 4% ~5% ,分别将路面水和坡面水引入边沟或排水沟。边沟和排水沟设计纵坡不小于 3‰,汇水经排水沟排入沟渠或路基边坡以外。

第6章　马尾松林改培试点项目管理

马尾松林改培试点按照"技术科学化、质量标准化、进度数字化、安全规范化"的四化管理要求,项目管理的任务包括进度管理、物料管理、质量管理、安全管理、验收管理及档案管理等全过程。重庆林投公司作为马尾松林改培试点项目实施主体,制定了多项营林生产规范和管理办法,确保项目顺利实施并保障建设成效。项目实施技术要求严格按照项目作业设计执行。

6.1　项目进度管理

林业生产项目季节性强,程序规范严格,因此施工进度管理非常关键。项目施工进度管理的程序是,确定进度管理目标→编制施工进度计划→申请开工并按指定日期开工→实施施工进度计划→进度管理总结→编写施工进度管理报告。项目施工进度管理以完成项目任务或合同约定的任务为最终目标,项目建设单位、施工单位、监理单位、委托管理单位都应按照职责分工根据这个目标编制施工进度计划,并进行进度目标分解。

6.1.1　施工计划的实施

编制并执行时间周期计划。根据进度目标要求,分标段按施工工序分解完工目标,时间周期计划包括年、季、月、旬、周施工进度计划。按计划执行施工进度,并以短期计划落实、调整,来促进长期计划的实施,做到短期保长期、周期计划保项目施工进度(计划)、项目施工进度(计划)保项目进度管理目标。

坚持进度过程管理。跟踪监督并加强调度,记录实际进度,执行施工合同对进度管理的承诺,进行跟踪统计与分析,落实进度管理措施,确保资源供应,促进进度计划实现。监理单位代表业主单位对工程建设进度进行全程监督管理。

6.1.2　施工进度检查与调整

施工进度的检查与进度计划的执行同步进行。计划检查是计划执行信息的主要来源,是施工进度调整和分析的依据。进度计划的检查方法主要采取对比法,即实际进度与计划进度进行对比,从而发现偏差,以便调整或修改计划。施工计划调整的内容包括施工内容、工程量、起止时间、资源供应等,当进度拖期以后进行赶工时,要逐次缩短存在压缩可能的关键工序,或者在资金支出可接受的范围内采取提升生产效率,增加施工队伍等方式。施工单位对监理单位提出的进度调整意见,须及时进行整改或调整。

6.1.3　进度管理分析与总结

施工进度计划实施检查后,应由管理单位和监理单位向建设单位提供月度施工进度报告,包括进度管理的分析和总结。分析进度管理中存在的问题包括劳动效率低,协调不到位,资源供应不及时和环境变化大等并提出采取的改进措施。进度总结的内容包括进度执行情况的综合描述,实际施工进度图,工程变更,进度偏差的状况及导致偏差的原因分析,解决问题的措施,计划调整意见等。

6.2　项目物料管理

6.2.1　苗木管理

项目所需苗木根据"适地适树"原则按照项目作业设计确定树种、规格及数量,坚持就近采购,优先选择林业保障性苗圃培育的苗木。禁止使用来源不明、未经检疫、未经引种实验的苗木和其他繁殖材料。苗木质量要求包括但不限于无检疫对象病虫害、苗干通直、色泽正常、无机械损伤、无冻害,萌芽力弱和休眠期的针叶树种有顶芽、顶芽发育饱满和健壮,充分木质化,容器不破碎,并形成良好根团等。

（1）苗木申请及运输

苗木申请由施工单位根据施工人数、小班面积、交通条件、天气因素、施工进度情况等,合理估算苗木需求量,填写苗木申请单(申请量不能超过设计量)并报监理单位复核,管理单位项目负责人审核后由采购办公室统筹安排苗木调运工作。苗木供应商在规定的时间内,安排苗木起苗、包装、运输到项目区域现场。

苗木运输根据运距、路况、苗木种类和大小等确定装车方式,运距较长的,装车过程中要合理分配装载空间,保留通气空间,避免沤苗。装载过程中要轻拿轻放,避免损坏苗木;根据施工现场用苗量合理分配苗木二次搬运量,避免重复搬运和机械损伤苗木。

（2）苗木现场验收

苗木验收工作由管理单位项目负责人、监理单位、施工单位等人员组成苗木验收小组进行,并邀请项目区(县)种苗站、森防站参加。验收标准按购苗合同执行,包括苗木质量、数量、供苗资质等内容。

1)苗木手续查验

现场查验苗木供应单位是否具备苗木生产经营许可证、产地检疫合格证、苗木标签和苗木质量合格证。跨区县调运苗木时,必须持有植物检疫证书,并且禁止使

用携带国家及重庆市植物检疫名录规定的植物检疫对象的苗木。苗木手续不全的,不予验收。

2)苗木抽样方案

按照相关标准对同一批苗木采取随机抽样的方法,苗木抽样比例为:51～1 000 株的抽 50 株、1 001～10 000 株的抽 100 株、10 001～50 000 株的抽 250 株、50 001～100 000 株的抽 350 株、100 001～500 000 株的抽 500 株,500 001 株以上的抽 750 株,见表 6-1。

表 6-1　苗木检测抽样数量

苗批量/株	样苗量/株
1～50	全查
51～1 000	50
1 001～10 000	100
10 001～50 000	250
50 001～100 000	350
100 001～500 000	500
500 001 以上	750

对成捆苗木应从苗批中随机抽取样捆,抽取的样捆数量应符合表 6-2 的规定。每个样捆内随机抽取 20～30 株苗木作为样苗,直至取得规定数量的样苗。样捆的苗木数不足 20 株时,样捆内的苗木全部作为样苗。不成捆的苗木按照随机抽样的原则直接抽取样苗。

表 6-2　成捆苗木抽样数量

样捆数/捆	应抽取的样捆数/捆
20 及以下	≥4
21～30	≥6
31～40	≥8
41～50	≥10
51～100	≥12
100 以上	≥16

3）苗木测量验收

现场验收时对抽取的样苗测量苗木地径、苗高,裸根苗同时测量根系长度和Ⅰ级侧根条数,做好相关测量记录并附照片。苗木地径用游标卡尺测量,如测量的部位出现膨大或干形不圆,则测量苗干上部正常处,读数精度到 0.05 cm。苗高用钢卷尺或直尺测量,自地径沿苗干量至顶芽基部,读数精确到 1 cm。根系长度用钢卷尺或直尺测量,从地径处量至根端,读数精确到 1 cm。大于 5 cm 长Ⅰ级侧根数是指从主根上长出的长度在 5 cm 以上的侧根条数。

苗木现场测量验收后填写苗木验收单,由验收小组成员签字确认,作为苗木采购付款依据。成批苗木验收,苗木合格率要求≥90%。如达不到验收要求的,项目建设单位有权拒收全部苗木。

（3）苗木验收后管理

苗木验收完成后,由施工单位清点苗木数量并记录,最终栽植苗木总数量和初植密度须达到设计要求。每批苗木从出圃到完成栽植的间隔时间,裸根苗原则上不超过 24 h,容器苗不超过 48 h,超过时间的苗木不得用于营造林项目。因客观因素在规定时间内未完成栽植的苗木应妥善保管,注意防晒、防风、防盗。

容器苗卸车转运要轻拿轻放,依次排开,禁止"叠罗汉"相互挤压。若使用方便袋转运,转运结束要解开方便袋,避免烧苗。摆放位置须选在阴凉避风处,防止苗木失水;裸根苗要垂直摆放,根部朝下。若由客观因素导致苗木长时间无法栽植完,需将未栽完的苗木进行假植或密植,并注意保水防旱,假植的苗木要有专人管理并记录,尽早用于造林或补植。

苗木栽植前,由施工单位做好苗木分拣工作,全部使用壮苗,禁止使用弱苗、断梢、不合格的苗。由监理单位做好监督工作。

6.2.2　肥料管理

施肥是改培试点项目重要的技术措施,肥料管理是物料管理的重要内容,通过规范肥料验收、肥料施用和肥料核查等加强肥料施工和肥料管理,做到适时、适度、适量施肥。通过施肥增加了土壤肥力、改善林木生长环境和养分状况,从而提高林分生长量、缩短成材年限以及控制病虫害发展。

（1）肥料验收

肥料由施工单位按照苗木栽植量和肥料施用量提交肥料申请表,经管理单位共同审核后运输至项目现场。肥料到场前,施工单位提前找好肥料固定仓库,遇相对潮湿的地方需提前铺好防潮布。肥料到达施工现场后,由管理单位、监理单位和施工单位现场验收,核对种类、数量、包装完好程度并填写肥料验收单。肥料到场后由施工单位进行编号入库,整齐堆码肥料至防潮布上。肥料使用应设置出入库台账,确保物料妥善保存。

（2）肥料施用

施肥前,监理人员监督各施工单位准备统一标准的施肥工具,确定施肥量。施肥中,施工单位需合理调配工人进行扩坑施肥、转运肥料、施放肥料等工序,并对施肥现场全过程做好管理。监理人员以现场旁站的方式,全程监理施肥过程。挖坑穴施放肥料后,待各方管理单位共同验收合格后再回土,杜绝施表面肥、单株施肥量不均匀、工人丢弃肥料等现象。

（3）肥料核查

施肥后,施工单位需每日将带有编号的肥料袋回收,并交由现场监理人员统计核查,检查肥料是否全部用完。监理单位每周对仓库或固定区域肥料消耗情况和保存情况进行巡查并做好记录。如有未使用完毕的肥料,施工单位应及时汇报监理单位,需安排统一回收至指定仓库进行保管,并汇报至项目管理单位统筹调配使用。

6.3 项目质量管理

项目质量管理目标是指质量验收标准和合同约定的合格要求,分部分项工程按照现行国家相关标准、规程执行。项目质量计划实施包括施工准备阶段的质量管理,施工阶段的质量管理和竣工验收阶段的质量管理。

6.3.1　施工准备阶段的质量控制

（1）技术资料及文件准备的质量控制

施工项目所在地的自然条件和技术经济条件调查资料应做到周密、详细、科学、妥善保存，为施工准备提供依据。施工组织设计文本要求施工顺序、施工方法和技术措施等能保证质量；技术经济比较可行，质量可靠，经济效果佳。项目各参与单位认真收集并学习有关质量管理方面的法律法规和质量验收标准、质量管理体系标准等。

（2）设计交底和审核的质量控制

通过设计交底、设计审核使施工技术人员了解设计意图、工程特点、技术要求和质量要求，发现、纠正设计差错，消除设计中的质量隐患，以保证工程质量。

（3）采购和发包质量控制

项目建设单位按质量管理要求做好物资采购和施工单位招标选定及评价，并保存评价记录，包括产品质量要求或外包服务要求，有关产品提供的程序要求，对供方人员资格的要求，对供方质量管理体系的要求。物资采购要求符合设计文件、标准、规范、相关法规及承包合同的标准。

6.3.2　施工阶段的质量控制

施工阶段的质量控制包括技术交底、工程测量（定界）、物资、环境、工序、工程变更等。技术交底的质量控制应注意交底时间、交底分工、交底内容、交底方式和交底资料保存。工程测量（定界）由技术负责人管理，注意对地块边界测量结果的复核。工程变更严格按程序变更并办理批准手续，管理和控制那些能引起工程变更的因素和条件，注意分析工程变更引起的风险。物资按规定进行搬运和储存，不合格材料不准投入使用，应按规定进行验收。作业人员应按操作规程、设计文本和技术交底文件进行施工，对查出的质量缺陷按不合格控制程序及时处理，记录工序

施工情况,以对因素的控制保证工序的质量。建立环境控制体系,实施环境监控,包括工程技术环境、工程管理环境和劳动环境。

　　要求施工单位建立健全质量保证体系,选派有经验的工程技术人员对施工现场的各个环节层层进行质量管理监督,采用相应的措施进行质量检查,保证工程一次交验合格率为100%;在施工过程中,项目管理单位安排代表对施工过程进行巡查,监理单位选派专业监理人员进行全过程监理。要求施工单位严格按照工序施工,上道工序未经验收或工序质量不合格时,下道工序不得施工。

6.3.3　竣工验收阶段的质量控制

　　竣工验收必须按施工质量验收规范的要求进行,对发现的质量问题按不合格控制程序进行处理,包括返工整改。管理单位、施工单位应按规定整理技术资料、竣工资料和档案,做好移交准备。

6.4　项目安全管理

　　改培项目根据安全生产法及有关安全技术的国家标准、行业标准等规定,施工安全贯彻"安全第一,预防为主"的方针,坚持"安全为生产,生产必须安全"的原则,做到思想保证、组织保证和技术保证,确保施工过程中人员、设备的安全。施工项目安全管理程序包括确定施工安全目标→编制施工项目安全管理规划→项目安全管理规划实施→项目安全管理规划实施检查→持续改进。

6.4.1　施工项目安全管理规划

　　项目开工前应编制安全管理规划并经批准后实施。项目安全管理规划的作用是配置必要的资源,建立保证安全的组织和制度,明确安全责任,制定安全技术措施,确保安全目标实现。项目安全管理规划的内容包括工程概况、控制目标、控制程序、组织结构、职责权限、规章制度、资源配置、安全措施、检查评价、奖惩制度。

6.4.2　安全管理规划实施

根据安全生产责任制的要求,施工单位要把安全责任目标分解到岗,落实到人。项目管理单位应审查施工单位的安全施工资格和安全生产保障体系,不将工程发包给不具备安全生产条件的施工单位;在施工合同中应明确承包人的安全生产责任和义务,并认真监督、检查;对违反安全规定冒险蛮干的承包人,应责令停工整改。

承包人对施工现场的安全工作负责,认真履行施工合同规定的安全生产责任;遵守项目建设单位的有关安全生产制度,服从安全生产管理。严格落实安全员、班组长、操作工人的安全职责。

在项目实施前,施工单位应对现场管理人员、从业人员集中开展岗前安全和技术操作培训,增强安全意识,确保操作规范性,同时告知林区作业存在的各项风险,与从业人员做好《林区作业风险告知书》签订工作。在每日作业开始前,各施工班组管理人员需对作业人员开展口头安全教育。根据营造林相关技术规范和项目作业设计,制定技术操作手册和安全手册,进行宣传发放,确保作业过程有章可循。

6.4.3　安全检查

安全检查是为了预防危险和消除危险。安全检查的目标是预防伤亡事故,不断改善生产条件和作业环境,达到最佳安全状态。安全检查的方式有定期检查、日常巡回检查、季节性和节假日安全检查、班组的自检查和交叉检查。安全检查的内容主要是查思想、查制度、查机械设备、查安全设施、查安全教育培训、查操作行为、查劳保用品使用、查伤亡事故的处理等"八查"。

施工前,要求施工单位做到"五个一律":未购买保险的一律不得进场;未签订用工协议的一律不得进场;未取得相关安全资质证书的一律不得进场;未按标准落实安全防范措施的一律不得进场;未穿戴安全防护用品的一律不得入场。

林区作用风险识别及防范措施见表6-3。

表 6-3　林区作业风险识别及防范措施

序号	危险源		防范措施
	类型	内容	
1	采伐作业	1. 伐倒木砸伤、反弹伤人； 2. 飞溅木屑伤眼； 3. 油锯运转走陡坡，伤人伤己； 4. 燃油存放不恰当，起火隐患未排除； 5. 擅自改装油锯，设备故障易发生； 6. 酒后作业、疲劳作业； 7. 竹子伐桩很尖锐，易穿刺伤人	1. 穿戴安全帽、防护眼镜、防护服、手套及防滑鞋等劳保用具； 2. 林区行走停油锯，身体平衡再启动； 3. 专用油桶存燃油，远离厨房与火源； 4. 擅自改装有风险，油锯停转再检查； 5. 酒后作业有危险，疲劳作业要杜绝； 6. 林区行走要谨慎，谨防滑倒和刺伤
2	木材装卸	1. 木材断裂、木材滚动或坠落； 2. 在陡坡装卸货物，车辆溜车； 3. 夹木机旋转失衡、机械越界作业； 4. 运输装载超负荷	1. 预判木材的品质，木材易裂人远离； 2. 禁止在陡坡装卸货物； 3. 规范操作机械，禁止超负荷装载货物
3	车辆驾驶	1. 林区坡陡弯又急，超速车辆刹不住，超载危险事故大； 2. 未保持安全车距； 3. 弯道超车； 4. 驾驶车辆时玩手机、打电话； 5. 无证驾驶、酒后驾驶	1. 严格遵守交通法规，弯道禁止超车； 2. 林区驾驶要谨慎，保持车距保安全； 3. 杜绝边玩手机边驾驶的行为； 4. 无证不驾驶，喝酒不开车
4	森林火灾	1. 林区吸烟、乱丢烟头； 2. 携带火种进山，林区烹烤食物，点火烧蜂窝等违规用火； 3. 松树疫木焚烧，未做火源隔断，未做灭火预案； 4. 高温干旱季节，雷电引火	1. 林区禁止吸烟； 2. 禁止携带火种进山，火源统一管控； 3. 林区用火要审批，疫木焚烧要规范； 4. 加强日常巡护，山火自燃要报警
5	野生动物攻击	1. 蜜蜂、马蜂、虎头蜂蜇人； 2. 毒蛇咬人； 3. 野猪拱人等	1. 林区作业穿长衣长裤，结伴施工莫独行； 2. 提前准备蜂蜇、蛇咬的应急药物； 3. 林区行走要探草，碰到蜂蛇莫惊慌，停止作业，安全有序撤离现场； 4. 碰到野猪莫攻击，不要驱赶和惊呼，野猪冲撞要避开； 5. 学习应急知识

家储备林建设重庆实践——松材线虫病防控与马尾松林改培

续表

序号	危险源		防范措施
	类型	内容	
6	自然环境隐患	1. 陡崖、深沟易跌落; 2. 道路沉降; 3. 滑坡; 4. 高温; 5. 雷暴雨等	1. 在陡崖和深沟边缘设置明显的警示标志和围栏,提醒人员注意安全; 2. 道路沉降要报告,不可蛮干强行过; 3. 滑坡地段要上报,尽快撤离莫逗留; 4. 预备防暑药物; 5. 关注天气预报,提前规避雷暴雨

6.5 项目验收管理

松材线虫病防控与马尾松林改培项目实行四级验收制度,即施工单位自查、重庆林投公司全查、省级复查、国家核查。全查由重庆林投公司组织相关部门人员或聘请有林业调查规划设计资质的中介机构开展。

6.5.1 检查验收准备

开展验收前制定检查验收工作方案,落实好验收人员、技术方案、器具、调查表格、交通工具等。对承担检查验收的技术人员进行政策、技术标准、工作纪律等方面的岗前培训。收集资料包括任务下达文件、作业设计文本、施工合同、采伐证,项目完成报告等。

6.5.2 样方设置和样本数量的确定

检查验收过程中,除对施工小班的实施面积完成情况进行踏查和调绘外,其余技术类指标调查(除"面积"外),采用在小班内设置样方并抽取样本的方法进行。

102 ·

在检查小班内选择具有代表性的样地设置样方,样方可设置为样圆或样带。抽样数量按被检查小班面积确定。样方数量的确定办法按照《国家储备林基地建设检查验收办法(试行)》执行。样方和样本确定后,按照检查验收规定的内容,逐项进行调查。

6.5.3　检查验收内容

(1)施工小班面积核实

面积核实时利用项目作业设计或自查验收矢量图进行实地核对,采用无人机正射影像判读,在核对小班边界的基础上确定小班面积,若面积误差率在±5%以内,以上报面积(自查面积)为准,否则重新调绘小班范围,以核实面积为准。核实面积中达到设计施工措施要求的面积为合格面积。同时以标段为单位计算面积,核实完成率及核实面积合格率。

(2)造林质量检查

1)林地清理质量检查

根据作业设计及现场,检查影响幼树生长的杂灌、藤、草等以及施工剩余物处理情况,剩余物处理到位为合格。

2)整地质量检查

根据作业设计,通过将实地查看情况与施工监理过程影像资料相结合的方式,检查种植穴、整地方式及质量是否符合作业设计且分布合理。整地方式及质量符合作业设计且分布合理为合格。

3)苗木品种、规格

通过核对苗木调运单、苗木验收单及现场实地调查,核实栽植苗木品种及规格是否符合作业设计要求。苗木品种符合作业设计且Ⅰ级苗使用率达到90%以上为合格,否则为不合格。

4)栽植质量检查

检查内容包括三个方面:一是栽植松紧度,以样方中所有幼树为评估标准,逐株用手适力提拉,提不出为合格。一般情况下,以提拉靠近顶芽的2~3片叶,提断叶片而幼树不出土者为栽植合格。二是栽植深度，主要看栽植深度是否符合施工作业设计的要求，是否影响苗木的生长，如果栽植过深或者过浅影响幼林生长为不合格。三是幼树是否与地面垂直，查看栽植扶正情况，如果垂直为合格，不垂直则为不合格。栽植合格率达到90%以上为合格小班。

（3）造林密度检查

通过样方内新栽植幼树（含死株）数量计算造林密度，检查造林密度是否达到作业设计要求，同时要求所栽植幼树分布合理均匀。栽植均匀度主要查看苗木栽植位置及苗木株距，要求苗木栽植在林窗下，且株距达到作业设计要求。栽植密度达到设计要求且分布均匀为合格，否则为不合格。

（4）造林成活率（或保存率）检查

以样方内所有栽植穴为样本，逐穴检查，记录成活、死（缺）株数。以小班为单位，计算成活率（保存率）。造林成活（保存）率≥85%为合格小班。

（5）改培作业检查

结合改培模式及作业设计，做到林分选择合理、培育措施得当。采伐木选择符合设计要求、目标树明确、保留木分布合理即为合格，否则为不合格；采伐木伐桩高度不应高于地面5 cm，否则为不合格。

郁闭度检查采用无人机正射影像判读并结合目测、样点、样线等方法。无施工痕迹认定为未实施，采伐郁闭度不符合设计要求的认定为不合格。

（6）抚育质量检查

根据培育模式和作业设计的要求，以所有幼树为样本，重点对林分选择、抚育面积、抚育质量、松土深度、除萌、除杂草、追肥等情况进行检查，随检查随记录。

以小班为单位，对抚育质量作出评价，完成作业设计文件中规定的所有抚育内容，并达到质量要求的小班评定为合格，否则为不合格。

6.6　项目档案管理

各管理单位,应按照国家档案管理的规章制度配备相应的管理机构和管理人员,负责档案资料的接收、收集、整理、保管和提供利用。做好建设项目的档案资料管理工作,对保证工程建成后顺利交付生产、使用以及为今后管护、扩建、改造、科研、生产都有着十分重要的作用。

6.6.1　档案内容

要求各有关单位(包括建设、设计、施工、监理单位等)在工程准备开始时就建立、汇集、整理起相关档案资料,把这项工作贯穿于整个施工过程,直到工程竣工验收结束。这些资料由相关单位分类立卷,包括各阶段所形成的文字材料、图纸、图表、照片、录像、录音等,在竣工验收时移交给建设单位统一保管。马尾松改培项目档案包括但不限于实施方案、作业设计、招投标管理、批复文件、施工管理、成效监测等全过程资料。

6.6.2　档案管理要求

档案管理人员整理立卷和接收入库的档案应符合以下要求:归档的文件材料齐全;遵循文件材料的形成规律,保持文件之间的历史联系;卷内文件排列有序;案卷题名简明确切;案卷应符合标准,每个案卷应填写卷内文件目录、备考表等。

要求档案管理人员建立必需的登记和统计制度,对档案的收进、移出、保管和利用情况进行精确的统计,档案管理人员更换时应办理移交工作。档案资料的利用应根据国家有关保密法的要求执行。

【成效篇】

第7章 马尾松林改培效益监测

开展重庆市松材线虫病防治及马尾松林改培试点项目（以下简称"试点"）样地调查和生态效益监测工作，对项目实施前后的生态效益进行长期监测与定期评估，以客观、翔实的生态监测数据科学评估试点项目建设成效，展示示范效果，通过"用数据说话，用数据管理，用数据决策"的方式来提高试点后期经营和监管的主动性、准确性和有效性，为国家储备林、松材线虫病长效防控等建设工作提供技术指导。

7.1 松材线虫病监测

对试点区域的疫情小班及周边情况进行专项调查，包括监测天牛种群数量并采集天牛样本，病枯死松树调查、取样；通过实验室检测鉴定明确所取样品是否携带松材线虫，最后结合调查和取样检测结果和秋季疫情专项普查成果资料，综合分析试点区域疫情发生趋势。

7.1.1 调查研究方法

为科学评价试点成效,以松林小班为单位采用"改培×疫情"(2×2)双因子进行调查。因子 1 为拟监测调查的松林小班是否采取改培措施,因子 2 为拟监测调查的松林小班是否发生松材线虫。共设置 4 个区域,包括试验、对照区、阳性对照区和阴性对照区,以梁平区试点为例。各个区域涉及的小班数量、面积和主要调查内容详见表 7-1。试验区为试点内所有疫情小班;阳性对照区设在改培区域以外,全部为疫情小班;对照区为试点内的非疫情小班;阴性对照区设置在改培区域以外,该区域从未发生过松材线虫病且远离松材线虫病发生区。

表 7-1 项目调查研究方案区划设计

试验分区名称		小班数量/个	主要调查内容
因子 1:改培	因子 2:疫情		
试点区域	试验区(有疫情)	56	松树、天牛取样检测
	对照区(无疫情)	20	松树、天牛取样检测
非试点区域	阳性对照区(有疫情)	17	松树、天牛取样检测
	阴性对照区(无疫情)	15	松树、天牛取样检测

7.1.2 布设诱捕器

2022—2024 年,分 3 次完成 4 个区域天牛诱捕器布设工作。诱捕器布设工作严格按照重庆市森林病虫防治检疫站无疫情取样检测标准执行,诱捕器布设位置尽量设在拟监测小班的中心位置。

7.1.3 取样调查

2022—2024 年,分 3 次完成对试验区、阳性对照区、对照区和阴性对照区诱捕器的第 1 轮天牛取样调查工作。每年的 8 月中旬,完成第 2 轮天牛取样调查,期间更换诱芯 1 次。每年 9 月上旬,结合人工调查和无人机调查,完成 4 个区域的病枯死松树调查、取样工作。

7.1.4　样品检测

按照"即送即检"原则,每年分 3 次开展样品检测工作,确定样品中是否携带松材线虫。样品检测方式包括形态学鉴定和分子检测 2 种,其中松材线虫形态学鉴定按照《松材线虫病检疫技术规程》(GB/T 23476—2009)进行并以松材线虫雌线虫为主要形态鉴别特征进行鉴定;松材线虫分子检测按照《松材线虫分子检测鉴定技术规程》(GB/T 35342—2017)进行,步骤包括 DNA 提取、PCR 扩增和结果判读等。

7.1.5　数据处理

数据处理主要在 Microsoft Excel 中完成,采用 SPSS Statistics 22.0 对试验数据进行单因素方差分析,平均数的多重比较采用最小显著性差异法($P<0.05$)或独立样本 t 检验($P<0.05$)。所有图片的制作都在 OriginPro 中完成。根据病枯死松树调查和检测结果,以病死松树株数占枯死松树株数的比率为依据分别计算试验区、阳性对照区、对照区和阴性对照区的病死株率,利用各区域病死株率计算改培试点工作对松材线虫病的防治效果。病死株率和防治效果计算公式分别如下:

$$防治效果(\%)=\frac{阳性对照区病死株率-试验区病死株率}{阳性对照区病死株率-阴性对照区病死株率}\times100\%$$

$$病死株率(\%)=\frac{病死松树株数}{病枯死松树总株数}\times100\%$$

7.2　改培成效长期监测

7.2.1　主要目标

以改培试点内马尾松改培林为监测对象,布设森林水体、土壤、植被固定监测设施和气象、空气质量等新一代信息技术便携设备,开展森林生态系统水文、土壤、气象、生物各类生态要素长期定位观测,景观、生态环境、植物群落、野生动植物、生物安全等生态服务价值评估,构建覆盖整个试点区的生态效益长期监测体系和生态服务价值定期评估机制,分析试点实施与生态环境改善情况,为推进全国松材线虫病防治与马尾松林综合改培模式的成效分析提供数据支撑。

7.2.2 主要任务

(1)生态效益监测总体布局

试点项目生态效益监测区域覆盖面积2.5万余亩,涉及梁平区、酉阳县和彭水县3个区县的12个乡镇。根据试点区域小班状况、试点措施和监测目标,建设生态效益监测站点。通过固定设施(包括生物监测固定样地和坡面径流场)定期开展森林水土保持功能、生物多样性、支持服务等方面监测;利用便携式生态监测设备,不定期开展森林调节、供给服务方面监测。

(2)生态效益监测设施建设

生态效益监测总体布局整体确定后,依据《森林生态系统长期定位观测研究站建设规范》(GB/T 40053—2021),开展固定样地和坡面径流场建设,同时在典型区位设定便携式设备监测固定点。共完成167个临时样地、32个长期固定监测样地、5个坡面径流场和8个固定监测点的建设工作。

(3)生态效益长期定位监测

针对试点区内不同生态环境、植被物种资源和试点措施,结合《森林生态系统长期定位观测方法》(GB/T 33027—2016),在已建成固定监测设施和固定监测站点处,利用生态监测设备,开展生态系统环境要素和生物多样性要素的长期定位监测,形成试点项目生态效益监测信息库。

(4)生态系统服务功能价值评估

利用试点生态效益监测大数据、试点实施前后森林资源变动监测数据及社会

公共数据等,依据《森林生态系统服务功能评估规范》(GB/T 38582—2020)等相关标准、规范,对试点区森林生态系统保育土壤、林木养分固持、涵养水源、固碳释氧、净化大气环境、森林防护、生物多样性、林木产品供给、森林康养等生态服务价值开展动态影响分析,定期形成评估报告。

7.2.3　技术方法

（1）本底调查

试点实施改培作业前开展本底调查,获得项目区地类、林种、优势树种、龄组、平均胸径、蓄积、生物量等主要属性,为后期生态效益监测与服务功能价值评估样地布设提供依据。具体包括:获取各小班的地类、树种、郁闭度或盖度、起源、林龄组、林木质量等林分因子;获取各小班的土壤类型、土层厚度、地形地貌、坡度坡向等立地因子;查清各类森林、林木胸径、树高、冠幅以及蓄积、株数;落实小班森林类别、事权等级、林地保护等级、生态区位等管理属性。

（2）监测设施建设

生态效益监测设施布设位置的选择要紧扣项目区生态环境特征和所采取的试点措施,按照行政区、流域、地形地貌、土壤、优势树种组、主要造林树种等条件,所监测结果尽可能全面反映试点区域的实施成效。

1）固定样地建设

针对试点项目,根据不同试点措施、改培模式和栽植树种进行分类监测,根据小班面积大小,确定样地设置数量,每种林地类型设置监测样地数量不少于3个,对照样地不少于1个。在试点作业区选定具有代表群落基本特征的地段设置15个固定样地,选取其中的2个主要优势树种(组)分别设置对照样地,合计33个。生态效益监测固定样地布局见表7-2。

表 7-2　固定样地分布及信息表

序号	乡镇（街道）	经度	纬度	海拔/m	土壤类型	土壤厚度/cm	坡度/(°)	坡向/(°)	坡位	类型	主要栽植树种
1	蟠龙镇	107°53′58.73″	30°40′1.55″	842	黄壤	150	5	145	中	改培带	鹅掌楸、桢楠
2	蟠龙镇	107°53′58.24″	30°40′2.78″	856	黄壤	150	35	155	中	保留带	马尾松、桢楠
3	蟠龙镇	107°53′57.19″	30°40′1.98″	860	黄壤	150	28	200	上	改培带	桢楠、马尾松
4	蟠龙镇	107°53′58.18″	30°39′51.91″	833	黄壤	150	16	105	上	改培带	香樟、枫香树
5	蟠龙镇	107°54′7.07″	30°39′58.75″	855	黄壤	80	35	271	上	对照	无
6	梁山街道	107°52′17.23″	30°41′0.51″	966	黄壤	80	31	81	下	改培带	鹅掌楸
7	梁山街道	107°52′17.38″	30°40′59.91″	988	黄壤	80	31	81	中	改培带	鹅掌楸、杉木
8	梁山街道	107°52′16.65″	30°11′3.25″	968	黄壤	80	5	160	下	改培带	鹅掌楸
9	星桥镇	107°47′3.88″	30°45′4.26″	775	黄壤	150	25	145	中	保留带	桢楠
10	星桥镇	107°46′59.82″	30°45′1.81″	769	黄壤	150	25	81	上	对照	无
11	星桥镇	107°47′58.02″	30°45′22.57″	797	黄壤	150	20	193	中	改培带	鹅掌楸、枫香树
12	云龙镇	107°41′10.86″	30°31′7.71″	530	棕壤	50	30	304	下	保留带	桢楠
13	云龙镇	107°41′14.98″	30°31′1.97″	575	棕壤	50	35	231	中	保留带	桢楠
14	云龙镇	107°41′15.07″	30°31′2.23″	581	棕壤	50	35	223	中	保留带	无
15	云龙镇	107°41′16.33″	30°31′2.78″	603	棕壤	50	30	273	中	保留带	鹅掌楸

序号	乡镇	东经	北纬	海拔	土壤	土层厚度	坡度	坡向	坡位	改培模式	树种
16	梁山街道	107°53′2.15″	30°43′28.36″	757	黄壤	80	35	341	上	保留带	香樟
17	梁山街道	107°54′27.28″	30°42′51.02″	631	黄壤	150	30	130	中	改培带	鹅掌楸、香樟
18	黑水镇	108°46′26.90″	29°03′59.26″	879	黄壤	90	35	30	山顶	马尾松+新栽桢楠	马尾松、桢楠
19	黑水镇	108°46′21.37″	29°03′53.93″	892	黄壤	80	30	81	山顶	马尾松+新栽油茶	马尾松、油茶
20	黑水镇	108°46′23.74″	29°03′57.47″	883	黄壤	80	30	358	山顶	马尾松+油茶复壮	马尾松、油茶
21	黑水镇	108°44′17.48″	29°26′03.05″	884	黄壤	90	5	35	中	对照	对照
22	黑水镇	108°46′23.53″	29°03′58.63″	884	黄壤	90	25	351	山顶	马尾松+老油茶	马尾松、油茶
23	黑水镇	108°46′31.13″	29°05′05.03″	752	黄壤	80	45	105	中下	马尾松+新栽桢楠	马尾松、桢楠
24	黑水镇	108°46′38.99″	29°04′58.10″	722	黄壤	60	35	256	中下	马尾松+新栽油茶	马尾松、油茶
25	黑水镇	108°46′52.80″	29°04′51.99″	869	黄壤	80	30	275	中上	马尾松+油茶复壮	马尾松、油茶
26	黑水镇	108°47′14.12″	29°04′49.59″	892	黄壤	80	30	99	中	对照	对照
27	可大乡	109°14′23.82″	28°59′42.83″	452	黄壤	80	36	94	中上	马尾松+新栽桢楠	马尾松、桢楠

续表

序号	乡镇（街道）	经度	纬度	海拔/m	土壤类型	土壤厚度/cm	坡度/(°)	坡向/(°)	坡位	类型	主要栽植树种
28	可大乡	109°15'13.78"	29°00'16.37"	531	黄壤	80	25	177	中	马尾松+新栽油茶	马尾松、油茶
29	可大乡	109°15'14.66"	29°00'17.71"	548	黄壤	70	24	110	上	马尾松+油茶复壮	马尾松、油茶
30	可大乡	109°14'03.21"	29°01'08.51"	602	黄壤	80	5	99	山脊	对照	对照
31	渚佛乡	108°28'12.81"	29°16'42.65"	638	黄壤	40	23	106	下	马尾松+新栽桢楠	马尾松、桢楠
32	渚佛乡	108°28'15.61"	29°16'36.23"	578	黄壤	40	30	154	上	马尾松+新栽油茶	马尾松、油茶
33	渚佛乡	108°28'06.52"	29°16'35.68"	707	黄壤	40	25	74	上	对照	对照

固定样地设置在具有区域代表性的生物群落典型地段,样地的地形、土壤和植物种类分布相对均质,群落结构相对完整,面积设置为 1 hm²,形状为正方形,100 m×100 m。然后采用网格法区划分割样地。区划单位的长度有 20 m 和 5 m,首先将 1 hm² 样地分成 25 个 20 m×20 m 的样方,为一级样方。将每个一级样方(20 m×20 m)继续分成 16 个 5 m×5 m 的样方,为二级样方(图 7-1)。对一级样方(20 m×20 m),使用行列数进行编号,前两位为列号,从西到东编写;后两位为行号,从南到北编写(图 7-2)。调查内容主要包括植物群落名称、郁闭度、坡度、坡向、坡位、海拔、水分状况、土壤质地和人类活动等。

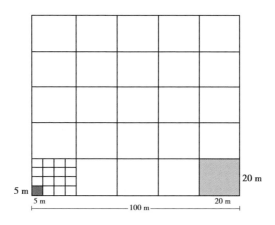

图 7-1　固定样地设置示意图

编号	列号　西→东															
	0010	0110	0210	0310	0410	0510	0610	0710	0810	0910	1010	1110	1210	1310	1410	1510
	0009	0109	0209	0309	0409	0509	0609	0709	0809	0909	1009	1109	1209	1309	1409	1509
	0008	0108	0208	0308	0408	0508	0608	0708	0808	0908	1008	1108	1208	1308	1408	1508
	0007	0107	0207	0307	0407	0507	0607	0707	0807	0907	1007	1107	1207	1307	1407	1507
行号	0006	0106	0206	0306	0406	0506	0606	0706	0806	0906	1006	1106	1206	1306	1406	1506
北	0005	0105	0205	0305	0405	0505	0605	0705	0805	0905	1005	1105	1205	1305	1405	1505
↑	0004	0104	0204	0304	0404	0504	0604	0704	0804	0904	1004	1104	1204	1304	1404	1504
南	0003	0103	0203	0303	0403	0503	0603	0703	0803	0903	1003	1103	1203	1303	1403	1503
	0002	0102	0202	0302	0402	0502	0602	0702	0802	0902	1002	1102	1202	1302	1402	1502
	0001	0101	0201	0301	0401	0501	0601	0701	0801	0901	1001	1101	1201	1301	1401	1501
	0000	0100	0200	0300	0400	0500	0600	0700	0800	0900	1000	1100	1200	1300	1400	1500

图 7-2　20 m×20 m 样方编号设置体系

2)坡面径流场建设

对坡面径流的监测用于评价森林生态系统水土保持能力,研究试点项目改培实施后林分对涵养水源、保育土壤的影响。根据项目不同试点措施、改培模式设置坡面径流场,建设皆伐改培类型和择伐改培类型共 4 个。坡面径流场监测坡面径流、泥沙、水质,同时,至少在某一未开展措施的林地作为对照设置地表径流场 1个,合计新建坡面径流场 5 个,布局见表 7-3。

坡面径流场应设置在地形、坡向、土壤、土质、植被、地下水和土地利用情况具有作业区代表性的典型地段。坡面应处于自然状态,不应有土坑、道路、坟墓、土堆及影响径流的障碍物,整个地段上应有一致性、无急剧转折的坡度、植被覆盖和土壤特征一致。林地的枯枝落叶层不应被破坏。

坡面径流场宽 5 m,与等高线平行,水平投影长 20 m,水平投影面积 100 m^2(图7-3)。

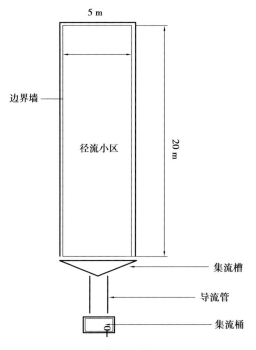

图 7-3　坡面径流场平面图

根据气象、土壤、坡长等环境条件和试点措施、优势树种(组)等,设置 5 处坡面径流场。使用不透水材料布设径流场时应使长边垂直于等高线,短边平行于等高线,原则上坡度应在 10°以上。径流场边墙高出地面 10~20 cm,埋入地下至少深30 cm。上缘向径流场外呈 60°倾斜,径流场底端为水泥等材料做成的集流槽、导流管和集流桶,作为观测设备(图 7-4)。集流槽表面光滑,上缘与地面同高,槽底向下及向中间倾斜,斜度以达到泥沙不发生沉积为宜。

表 7-3　坡面径流场分布及信息表

序号	乡镇（街道）	经度	纬度	海拔/m	土壤类型	土壤厚度/cm	坡度/(°)	坡向/(°)	坡位	类型	主要栽植树种
1	蟠龙镇	107°53'57.49"	30°40'1.65"	860	黄壤	150	28	200	上	改培带	麻栎、香樟、桢楠
2	蟠龙镇	107°54'7.01"	30°39'59.19"	855	黄壤	80	35	271	上	对照	无
3	星桥镇	107°47'3.31"	30°45'3.77"	776	黄壤	150	25	145	中	改培带	桢楠
4	星桥镇	107°47'58.75"	30°45'22.18"	795	黄壤	150	20	193	中	改培带	鹅掌楸、枫香树
5	梁山街道	107°55'3.02"	30°43'4.23"	701	黄壤	80	35	18	中	保留带	香樟

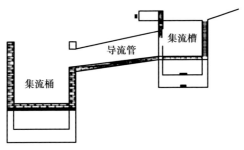

图 7-4　坡面径流场接流观测设施

3）固定监测点建设

固定监测点主要用于采用便携式生态监测设备定期开展项目区森林生态系统环境气象、水文、土壤等因子监测。根据作业区小班特性、试点措施、优势树种（组）等条件，选择试点区森林生态系统结构完整、林相较好、地形平整、无建设交通用地影响的林区作为固定监测点。针对试点区建设 8 个固定监测点，各类监测设施建设完成后，于 2022 年下旬及 2023 年底开展森林资源详细调查。

（3）监测与评估指标

1）生态监测指标

试点项目生态服务功能监测是指对试点区森林生态系统中水文、土壤、气象、生物和其他方面的野外长期连续定位观测和研究，依据《森林生态系统长期定位观测指标体系》（GB/T 35377—2017），主要包括了水文要素、土壤要素、气象要素、小气候梯度要素、微气象法碳通量、大气沉降、森林调节环境空气质量功能、森林群落学特征、动物资源、竹林生态系统和其他等 11 类观测指标。观测方法参照《森林生态系统长期定位观测方法》（GB/T 33027—2016）。

2）生态效益评估指标

试点项目生态系统服务功能价值评估是指采用生态监测大数据、试点区资源变动数据及社会公共数据对生态系统的支持服务、调节服务、供给服务和文化服务进行价值评估（图 7-5）。其中，支持服务指生态系统土壤形成、养分循环和初级生产等一系列对于所有其他生态系统服务生产必不可少的服务；调节服务指人类从气候调节、水土保持能力调控、水资源调节、净化水质等生态系统调节作用中获得的各种惠益；供给服务指人类从生态系统获得的食物、淡水、薪材和遗传资源等各种产品；文化服务指人类从生态系统获得的精神、生态旅游、森林康养、美学、灵感、教育、故土情结和文化遗产等方面的非物质惠益。

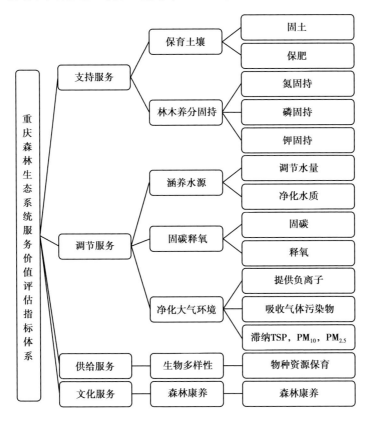

图7-5 生态系统服务功能价值评估指标体系

（4）监测方法

对样地内乔灌草进行全面监测。其中：

乔木层：主要观测胸径、树高、冠幅、郁闭度和密度等；

灌木层：主要观测株数（丛数）、株高、基径、盖度等；

草本层：主要观测种类、数量、高度和盖度等。

1）乔木层观测

①准确鉴定并详细记录群落中所有植物种的中文名、拉丁名。对于不能当场鉴定的，应采集带有花或果的标本，带回实验室鉴定。没有花或果的做好标记，以备在花果期进行鉴定。

②每木调查，对样地内胸径大于等于 5.0 cm 的各类树种的胸径、树高等进行逐一测定，并做好记录，每测一株树要进行编号、挂牌。对林下胸径小于 5 cm 的幼

树单独挂牌编号,记录胸径、树高和生长情况;对林下幼苗记录种类、平均高、平均地径、分布数量和生长等情况。胸径测定采用围尺测量的方式,测定地面向上1.3 m处树干的围度,在测树高时应以测量者看到树木顶端为条件,以"m"为计量单位。冠幅的测量,以两个人为一组,一个人拿着皮尺贴树干站好,另一个人拉住皮尺的另一端向东、南、西、北四个方向转一周,测定其冠幅垂直投影的宽度。

③按样方观测群落郁闭度,然后按每木调查数据,计算林分平均高度、平均胸径(如计算生物量则需要测定标准木)。

④胸径小于1 cm的幼树和幼苗分别随同灌木层调查。

2)灌木层观测

在每个20 m×20 m的样方中随机选取2个5 m×5 m的样方,进行长期观测并记录灌木种名(中文名和拉丁名),调查株数(丛数)、株高、盖度。多度采用目测估计法,采用德式(Drude)多度级的7级制划分。密度测定,统计每一平方米样方内所测灌木的株数(丛数)。盖度采用样线法,即根据有植被的片段占样线总长度的比例来计算植被总盖度。

3)草本层观测

在每个20 m×20 m的样方内设置5个1 m×1 m的草本小样方,调查并记录草本层种名(中文名和拉丁名),调查草本植物的种类、数量、高度、多度、盖度。

此外,记录样地郁闭度、林下透光情况、健康状况、枯落物变化等林分整体情况。每个样地每次监测取混合土样一组,分析主要元素和有机质含量变化情况。

4)坡面径流监测

对于坡面径流场主要监测坡面集水量、水体含沙量和水质等。

①集水量采取直接测量法,在发生可形成地表快速径流的有效降水后,对集水池的水量进行观测和记录;

②含沙量测定采取烘干法,收集径流场集水池混合水样后,进行沉淀、过滤、烘干、称重等步骤并开展测定;

③水质监测则通过采样径流场集水池水样后,在实验室利用离子分析仪开展水体常规指标(包括pH值、钙离子、镁离子、钾离子、钠离子、氨离子、碳酸根、碳酸氢根、氯化物、氟化物、硫酸根、硝酸根、总磷、总氮、电导率、溶氧、浊度等)、微量元素(包括B、Mn、Mo、Zn、Fe、Cu)和重金属元素(包括Cd、Pb、Ni、Cr、Se、As等)的测定,也可应用便携式水质分析仪在现场直接测定。

5）土壤理化性质监测

通过对固定样地内土壤理化性质连续监测，可以了解生态系统土壤发育状况及理化性质的空间异质性，并分析土壤与植被和环境因子之间的相互影响过程。监测内容主要包括土壤层次、厚度、颜色、湿度、结构、机械组成、质地、密度、含水量等。土壤化学性质监测主要包括土壤 pH 值、交换性钾和钠、有机质、水溶性盐分总量、全氮、碱解氮、全磷、有效磷、全钾、速效钾等。

土壤的理化性质项目实施前测定一次，2023 年测定一次，通过在固定样地中设置土壤剖面（0.8 m×1 m），挖掘至母质层后，自地表每隔 10 cm 或 20 cm 采集一个样品，一般采取"先下后上"取土顺序，剔除其中石块、植被残根等杂物后，混合保留 1 kg 左右土样，土壤的密度和水分通过环刀分层取土测得。将采集的土样装入袋内，并在袋内外附上标签，标签上记载了样方号、采样地点、采集深度、采集日期和采集人等信息，以便带回实验室进行进一步处理和测定。

6）森林气象观测

利用已有工作基础条件，采用原位式气象监测设备对试点区所在大区森林气象全指标开展整年度不间断连续定位观测。利用便携式监测仪器，对试点区特定类型的森林风、温、光、湿、气压、降水、负氧离子、TSP、PM_{10} 和 $PM_{2.5}$ 等气象因子和大气环境因子进行定期定位监测，获得具有代表性、准确性和比较性的林区气象资料，了解典型区域气象因子的变化规律，揭示影响植被生长发育的关键气象因子及为研究森林对气候的响应提供基础数据。

（5）评估方法

1）分布式测算模型

由于试点区地域跨度较大，生态环境类型多样，其生态系统服务价值评估是一项非常庞大、复杂的系统工程，为了得到更加准确的测算结果，引入分布式测算模型。分布式测算模型是指将一个异质化的森林资源整体按照行政区划、林分类型（优势树种组）、起源、林龄等不同分布式级别，划分为相对独立的、均质化的评估测算单元，并将这些单元分别处理最后汇总得出结论的一种测算方法。

以梁平区乡镇/街道为一级测算单元，优势树种（组）马尾松作为二级测算单元，以起源作为三级测算单元，按照不同林龄划分四级测算单元，再结合不同立地条件的对比观测，最终确定若干个相对均质化的生态服务评估单元，结合试点区森

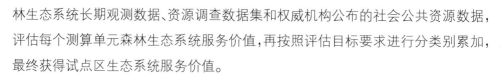

林生态系统长期观测数据、资源调查数据集和权威机构公布的社会公共资源数据，评估每个测算单元森林生态系统服务价值，再按照评估目标要求进行分类别累加，最终获得试点区生态系统服务价值。

2）数据来源

试点区生态系统服务功能物质量评估时所需数据来源主要包括试点生态效益监测大数据和试点资源数据。价值量评估所需数据除以上两方面外还包括社会公共数据集，即采用权威机构、部门和组织等公布的社会公共数据，如《中国水利年鉴》《中国水土保持公报》《水利建筑工程预算定额》《重庆统计年鉴》《中华人民共和国环境保护税法》《重庆市大气污染物和水污染物环境保护税适用税额的方案》《重庆市生态环境状况公报》《重庆环境质量简报》公布的数据以及重庆碳市场交易价格等。

3）生态功能修正与价格贴现

为获得无法实地观测到的数据，引入森林生态功能修正系数，同时为了尽量消除由于价格参数年际变化带来的误差，采用贴现率将不同出处年的价格参数换算至评估年份价格。

生态功能修正指评估林分生物量和实测林分生物量的比值，反映森林生态服务评估区域森林的生态功能状况，还可以通过森林生态质量的变化修正森林生态系统服务的变化。实际观测林分生物量可通过森林生态系统观测获取，在评估林分蓄积量可得的情况下，评估林分生物量可通过其蓄积量、胸径、树高和生物量转换因子得出。其理论公式为：

$$FEF\text{-}CC = \frac{B_e}{B_o} = \frac{BEF \times V}{B_o}$$

式中　$FEF\text{-}CC$——森林生态功能修正系数；

B_e——评估林分生物量（kg/m^3）；

B_o——实测林分生物量（kg/m^3）；

BEF——蓄积量与生物量转换因子；

V——评估林分的蓄积量（m^3）。

试点区生态服务价值量评估时，所涉及的多个价格参数可能出自多个年份，为了尽量消除由价格参数年际变化带来的误差，需要将不同出处年的价格参数换算至评估年份价格，常用的方法为贴现率法。

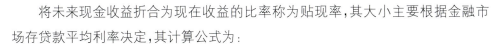

将未来现金收益折合为现在收益的比率称为贴现率,其大小主要根据金融市场存贷款平均利率决定,其计算公式为:

$$t = (D_r + L_r) /2$$

式中　t—存贷款均衡利率(%);

　　　　D_r—银行的平均存款利率(%);

　　　　L_r—银行的平均贷款利率(%)。

贴现率利用存贷款均衡利率,将非评估年份价格参数,逐年贴现至评估年(2023 年)的价格参数。贴现率的计算公式为:

$$d = (1 + t_{n+1}) (1 + t_{n+2}) \cdots (1 + t_m)$$

式中　d—贴现率;

　　　　t—存贷款均衡利率(%);

　　　　n—价格参数可获得年份(年);

　　　　m—评估年年份(年)。

7.3　短期监测结果

7.3.1　松材线虫病防治成效监测

(1)林间媒介昆虫数量

从试点区域的天牛总量来看,虫口密度呈下降趋势。试点区域 2024 年的松墨天牛虫口密度较 2022 年下降明显(32 头降至 20.39 头)。通过伐除病死木、枯死木和濒死木,对松林进行带状皆伐(保留目的树种 10 株左右)、择伐、生态疏伐等,试点区内天牛适生寄主数量减少,或因林相改变,天牛部分生物学特性受到影响,最终表现出种群数量降低。其次,因林间枯(病)死松树清理较为彻底,尤其是在2022—2023 年作业期间,对 2021—2022 年施工小班再次进行了抚育采伐、卫生伐和生态疏伐,媒介昆虫从种群水平上携带松材线虫的比例逐年降低(图7-6)。

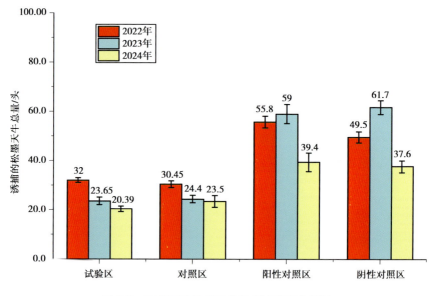

图7-6 试点区域林间天牛种群密度变化情况

（2）病死松树数量

2022 年夏季发生高温干旱极端气候,试验区共有枯死松树258 株,病死松树仅25 株,高温干旱增加了枯死松树总量,但松树病死株率较低(9.69%),而2023 年试验区病死松树为 7 株,松树病死株率为 10.44%,与2020 年的516 株和2021 年的394 株相比,疫情发生数据已大大减轻;另一方面,阳性对照区2022 年和2023年病死株率分别为38.58%和53.64%,连续两年维持在较高水平,试验区病死株率较低,两年分别为 9.69%和10.44%,且阴性对照区无疫情发生,说明试点实施对试验区松材线虫病疫情的发生有一定控制作用(图7-7)。

（3）整体防控成效

通过对试点区域林间病、枯死松树开展规范的疫木除治,松材线虫病病死松树数量显著降低。2020 年,试点区域内有松材线虫病疫情发生小班56 个,发生面积7 885.5 亩,有26 个小班连续2 年无病死松树;截至2024 年6 月中旬暂未发现病死松树。2022 年2 轮天牛样本携带松材线虫比例分别为14.3%和7.7%,2023 年2 轮天牛样本携带松材线虫比例分别为7.1%和3.7%,2024 年2 轮天牛样本携带松材线虫比例分别为5.4%和3.6%,天牛携带松材线虫比例明显降低。结合两年

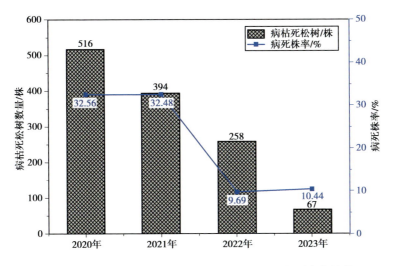

图7-7　试点区域2020—2023年间病枯死松树数量变化趋势

试点工作的监测成效分析,2021年11月至2022年4月试点工作对实施区域松材线虫病疫情的防治效果为74.9%;2022年11月至2023年4月试点工作对实施区域松材线虫病疫情的防治效果为80.5%;2024年试点防治效果正在持续跟踪监测中。综合分析3年防治效果,松材线虫病疫情得到有效控制(图7-8)。

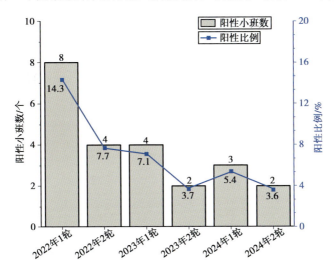

图7-8　试点区病死松树和松墨天牛虫口密度变化情况

连续3年疫情监测的结果表明,试点范围内天牛虫口密度和枯死松树数量显著下降,松材线虫病疫情明显减轻,对松材线虫病的主动防治成效突出。

7.3.2 林分生长情况监测

（1）林分结构变化情况

通过采伐马尾松，补植桢楠、枫香树、香樟、鹅掌楸、木荷等阔叶树种，马尾松纯林逐步培育成复层异龄针阔混交林。试点区域保留带马尾松平均密度由改培前的78 株/亩降至 35 株/亩（降低 55.4%），间伐强度 55%；3 级木以上林木比例由 45% 增加至 100%；林木平均胸径由改培前的 9.5 cm 增至 14.2 cm（增加 49.5%），平均生物量由改培前的 5.4 t 增至 7.0 t（增加 30.9%），平均冠幅由改培前的 2.1 m 增至 2.8 m（增加 33.2%），林分质量得到提升；同时通过改培增加了林窗和林中空地的数量，提高了林下植被的天然更新能力，天然更新先锋树种主要有栓皮栎、乌桕、木姜子、盐肤木、青冈、野鸦椿、杉木、马尾松等，先锋树种密度由改培前的 17.8 株/亩增至 41.8 株/亩（提高 134.8%），且林木长势旺盛，森林开始恢复生机。

（2）林木生长情况

松材线虫病防治与马尾松改培试点实施后单株乔木冠幅增加明显。通过监测发现，马尾松林改培前后，平均冠幅较改培前增加 17.8%，促进了植被对光照的有效利用。试点实施后乔木层生物量增长率明显。通过施工前后的调查监测发现，生物量较施工前年增长量平均提升了 15.7%，增强了光合作用的同时增加了乔木的碳汇速率，林下物种呈现数量减少但种类显著增多的特征。

混交阔叶苗木长势良好，生态效益后发优势明显。通过调查发现，试点新栽植的鹅掌楸 2 年期间平均株高增长 107.1%，平均基径增长 65.3%，苗木成活率达到90.3%；3 年期末平均株高增长 236.32%，平均基径增长 167.16%，苗木成活率达到 90.26%。桢楠 2 年期间平均株高增长 76.2%，平均基径增长 38.3%，苗木成活率达到 91.5%；3 年期末平均株高增长 160.7%，平均基径增长 83.33%，苗木成活率达到 91.45%。枫香树 2 年期间平均株高增长 56.7%，平均基径增长 66.2%，苗木成活率达到 90.4%；3 年期末平均株高增长 116.69%，平均基径增长 138.33%，苗木成活率达到 90.39%。香樟 2 年期间平均株高增长 71.2%，平均基径增长42.4%，苗木成活率达到 90.7%；3 年期末平均株高增长 119.75%，平均基径增长57.29%，苗木成活率达到 90.59%（表 7-4）。

表 7-4　松材线虫防治与马尾松改培试点实施前—2024 年度苗木生长情况

		施工时	2022 年	1 年期变化量	2023 年	2 年期变化量	2024 年	3 年期变化量
马尾松	平均冠幅	2.11 m	—	—	2.49 m	17.80%	2.81 m	33.18%
	平均生物量	5.37 t			6.21 t	15.70%	7.03 t	30.91%
鹅掌楸	苗高/株高	72.13	86.62	20.1%	149.38	107.10%	242.59	236.32%
	平均基径	1.34 cm	1.55 cm	15.3%	2.22 cm	65.30%	3.58 cm	167.16%
	数量	26.80 株	25.22 株	94.1%	24.20 株	90.30%	24.19 株	90.26%
桢楠	苗高/株高	48.42	54.52	12.6%	85.31	76.20%	126.23	160.70%
	平均基径	0.66 cm	0.73 cm	9.9%	0.91 cm	38.30%	1.21 cm	83.33%
	数量	18.21 株	16.14 株	93.6%	15.57 株	91.50%	15.56 株	91.45%
枫香树	苗高/株高	73.11	82.47	12.8%	114.57	56.70%	158.42	116.69%
	平均基径	0.60 cm	0.69 cm	15.6%	0.99 cm	66.20%	1.43 cm	138.33%
	数量	19.94 株	16.89 株	93.7%	15.83 株	90.40%	15.83 株	90.39%
香樟	苗高/株高	52.96	62.55	18.1%	90.67	71.20%	116.38	119.75%
	平均基径	0.96 cm	1.07 cm	11.7%	1.36 cm	42.40%	1.51 cm	57.29%
	数量	16.91 株	15.81 株	93.5%	15 株	90.70%	14.98 株	90.59%

7.3.3　群落物种多样性监测

试点项目实施前的林地生物多样性相对较低,香农-维纳指数多介于 0.37 ~ 2.46,有较大的提升空间。随着试点的全面实施和植被的不断生长,营造林地的生物多样性显著提升,生态环境得到稳步恢复,生态系统愈加复杂和稳定。采伐带虽然降低了郁闭度,但增加了林窗数量,提高了林下植被的天然更新能力。监测数据显示:林下灌木的株数虽降低 24.06%,但种类增加了 37.37%,平均基径增加 9.30%,平均盖度增加 29.13%。草本的株数降低 24.19%,种类增加 17.01%,平均盖度增加 9.66%(表 7-5)。总体上乔木、灌木和草本层生物多样性显著增加,物种资源保育服务功能价值增值明显。

通过实施不同的改培措施,形成多树种、多层次的人工林生态系统,松材线虫病防治由被动防治变为主动防治,试点区域生态系统愈加复杂和稳定,森林抗病虫害能力不断增强;林下植被生物多样性明显增加,衡量森林群落物种多样性丰富程度的香农–维纳指数由改培前的1.5增至2.1(增加43.8%),生物多样性价值量由改培前的4428.4万元/年增至5065.1万元/年(增加14.4%);同时随着林龄的增加,林分郁闭度和植被覆盖度不断增加,林分蓄积量的不断增加,森林生态系统的服务功能将不断增强(图7-9)。

表 7-5　松材线虫防治与马尾松改培试点实施前—2024 年度生物多样性变动

		实施前	2023 年	变化量	2024 年	变化量
平均香浓-维纳指数		1.484	1.726	16.3%	2.134	43.80%
灌木	平均株数	94.98 株	55.12 株	72.3%	72.13 株	24.06%
	种类平均数量	6.53 种	8.65 种	32.5%	8.97 种	37.37%
	平均基径	0.86 cm	0.93 cm	7.7%	0.94 cm	9.30%
	平均盖度	19.81	22.35	12.8%	25.58	29.13%
草本	平均株数	7.69 株	5.76 株	33.3%	5.83 株	24.19%
	种类平均数量	2.41 种	2.76 种	14.7%	2.82 种	17.01%
	平均盖度	21.12	22.35	5.8%	23.16	9.66%

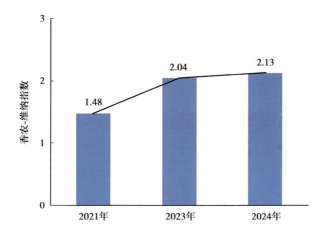

图 7-9　试点区马尾松林下植被香农-维纳指数变化情况

第8章 马尾松林改培疫木处置与利用

松树作为全球重要的林木资源之一,其健康状况对生态系统、生物多样性以及林业经济具有深远影响。松材线虫病作为全球性的森林病害,对松属植物造成了严重的威胁。疫木的无害化处置是松材线虫病防控体系中的关键环节,重在通过科学、有效的方法,清除和杀灭疫木中存在的线虫及传播媒介,防止疫情进一步扩散。本章旨在介绍疫木伐后的运输管理、疫木处置措施和加工利用方式,为开展疫木安全综合利用提供参考。

8.1 疫木运输

协调改培试点区公安局、交通局等单位,确定合理的运输线路,开辟绿色通道,营造良好的交通运输环境,提高安全运输效率。由改培试点区林业局审核后办理特别临时通行证,证件需载明运输车辆、人员、运程及货物信息,实际运输行为需与证载信息完全一致。疫木运输参照《重庆市松林线虫病疫木处置利用管理细则(试行)》渝林检〔2024〕3号。

建立重庆国家储备林木材加工智慧管理系统,利用现代物联网、移动互联网和人工智能等技术,建设覆盖采伐、处理、运输、加工、仓储和销售的一体化管理平台,

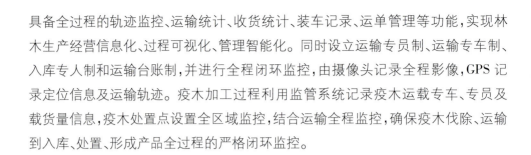

具备全过程的轨迹监控、运输统计、收货统计、装车记录、运单管理等功能,实现林木生产经营信息化、过程可视化、管理智能化。同时设立运输专员制、运输专车制、入库专人制和运输台账制,并进行全程闭环监控,由摄像头记录全程影像,GPS记录定位信息及运输轨迹。疫木加工过程利用监管系统记录疫木运载专车、专员及载货量信息,疫木处置点设置全区域监控,结合运输全程监控,确保疫木伐除、运输到入库、处置、形成产品全过程的严格闭环监控。

8.2　疫木无害化处置

8.2.1　粉碎(削片)

疫木粉碎(削片)是指将疫木粉碎成木屑或削成较小的木片,粉碎物短粒径不超过1 cm,削片厚度不超过0.6 cm。粉碎(削片)可以有效杀灭松材线虫,破坏松材线虫的生存环境,减少其存活和繁殖的可能性。粉碎处理后松材线虫基本会被全部杀死,无法传播,多用于残留伐桩处理,同时也可用于直接处理疫木;削片处理后的木片体积减小,不易被其他媒介生物携带,从而可以降低线虫的传播风险。对于尾径<3 cm的马尾松木材,就地就近使用粉碎机进行粉碎处理,对集中除治和皆伐清理的疫木采取粉碎处理措施的,仅限在媒介昆虫松墨天牛非羽化期内进行,确保搬运过程疫木不流失、不遗落。而对于尾径(直径)在3~10 cm的马尾松木材,集中装车运输至木材处理厂进行粉碎,疫木粉碎处理应进行全过程监管。

8.2.2　旋切处理

旋切处理是指利用旋切机械将感染的松木加工成薄板的方式,通过旋切过程的高温和高速旋转,破坏松材线虫的生活环境,从而杀死线虫,防止其进一步传播。旋切处理适用于尾径(直径)>10 cm的马尾松木材,仅限在媒介昆虫非羽化期内进行,确保搬运过程疫木不流失、不遗落。旋切片厂的旋切单板厚度不得超过

0.30 cm；其他切片厚度不得超过0.60 cm；采用热处理和变性处理确保完全杀死松墨天牛和松材线虫后，加工成建筑模板、纤维板、胶合板等生态面板。木芯和边角料等剩余物必须及时粉碎或烧毁、碳化处理，并进行全过程视频监督。

8.2.3　钢丝网罩处理

钢丝网罩处理是一种物理隔离的疫木处置方式，阻断松墨天牛成虫从感染的松树飞到健康松树上，从而防止松材线虫的传播。钢丝网罩处理适用于山高坡陡、不通道路、人迹罕至，且不具备粉碎（削片）、旋切、烧毁等除害处理条件的疫情除治区域。具体做法是使用钢丝直径≥0.12 mm，网目数≥20目的锻压，钢丝网罩严密包裹采伐清理的疫木及直径超过1 cm的枝桠，并进行锁边，使羽化后的松墨天牛无法飞出，进而无法传播松材线虫，而其中的天敌昆虫（花绒寄甲、管氏肿腿蜂等）又可以穿过隔离网眼扩散。

8.2.4　热处理

热处理是指通过营造高温环境杀死松材线虫与媒介昆虫的疫木处理措施，具体做法是将疫木置于热风型干燥窑或木材专用热风（蒸汽）烘干箱内，对其进行加热处理，在木材中心温度达到65 ℃以上后，再持续处理4 h，具有操作简单、对环境无污染、方便推广使用等特点。传统的热处理设备以电力为能源，在无害化处理过程中存在能耗高、资源消耗大和成本较高的问题。最近，新型的热处理设备可以利用生物质燃料（如林木剩余物）供能处理疫木原木，在高效利用林木剩余物的同时能够确保松材线虫和媒介昆虫灭杀率达100%，过程绿色、低碳和节能，且保留了疫木仍为原木的特征，能为后续疫木加工利用提供更多的可能性。

8.3　疫木利用

目前疫木利用主要集中于经粉碎（削片）和旋切处置后的综合利用。对于经粉碎(削片)处置后的疫木,可用于制造人造板(纤维板、刨花板、定向刨花板等),也可经绝干、分离纤维等处理后用于造纸。对于经旋切处置后的疫木,可以加工成建筑模板、纤维板、胶合板等生态面板。疫木旋切处理加工生态面板分为多层板和细木工板,主要工艺流程如下:

多层板加工工艺:原料—旋切—干燥—涂胶—拼基板—冷压—热压—刮灰—砂光—涂胶—贴面皮—冷压—热压(80 ℃)—刮灰—砂光—涂胶—贴生态面皮—热压—锯边—质检—入库—销售。

细木工板加工工艺:原料—加工木方—干燥—加规格木方—断木方—涂胶—拼板—热压—刮灰—砂光—涂胶—贴木皮—冷压—热压(110 ℃)—刮灰—砂光—涂胶—贴生态面皮—热压—锯边—质检—入库—销售。

第9章 展 望

　　重庆林投公司在国家储备林建设项目实施中积累了丰富的造林技术与经验，为开展森林改培试点奠定了良好的技术基础。试点过程中，市林业局相关处室和市森防站、梁平区林业局按照职能职责，加强技术指导，强化技术管理。重庆林投公司充分发挥央企、国企的信誉、实力、资金、技术、管理等优势，安全、高效组织开展试点工作，做到边研究、边试验、边总结，根据发现的问题及时修改试点方案和作业设计等，体现科学、安全、可操作；施工过程中严把质量关，加强林木采伐、松材线虫病防治、疫木处置、造林整地、苗木栽植、后期抚育管护等关键环节的管理，大力推广先进实用的营造林技术，提高经营成效。同时整合优势资源，与相关科研院校、具有调查规划设计资质的中介咨询单位合作，运用林业高新技术开展成效监测，促进后续实施方案的改进，确保森林改培试点的科学性和可操作性，保证试点工作的顺利实施并取得明显成效。

9.1　木材高值化利用

　　由于速生木材的生长周期较短，人工林中的这类木材多数属于幼龄材。这些木材普遍存在结构松散、密度低、易裂变形以及强度不足等问题，从而限制了它们的应用范围。通常,这类木材被用作纤维板、刨花板、胶合板等人造板的原材料,间接作为造纸和建筑模板的原料。为了充分利用我国速生林资源的优势,并优化利用低质材,国内研究人员致力于拓展速生木材的应用范围,通过开发先进的加工工艺和技术,对速生木材进行重组、增强、软化、塑化、材色处理、防腐阻燃等功能改进,已经取得了显著的研究进展。

目前,疫木无害化处置方式普遍存在后续加工利用价值低、经济效益不高等问题。因此,探索高效且经济效益显著的松材线虫病疫木利用方式显得尤为重要。本节重点探讨将炭化技术应用于松材线虫病疫木的改性处理和重组木技术,旨在为我国松材线虫病疫区的木材功能性提升及其高值化利用提供实践参考。

9.1.1　木材炭化处理

木材的炭化处理是马尾松等速生材高值化加工利用的重要手段之一,具体做法是将疫木放入高温、无氧或者低氧的环境中进行一段时间的热处理,在炭化过程中,木材组分逐渐被分解,其力学性能、化学组分以及孔隙结构都会发生相应改变。炭化后的木材在功能上能提供更好的尺寸稳定性、生物耐久性,便于调节材色以及改善声学性能等,应用途径更为宽广。因此,疫木的炭化加工是提高"无病害疫木"的经济价值的重要手段,同时具有绿色、低碳和节能的特点。

木材炭化处理技术的研究已有几十年历史。在国外,这项技术在理论、工艺研究以及新技术和新方法的应用方面取得了显著的进步。木材炭化的基础理论研究正在向更深层次和更广泛的领域扩展;炭化工艺技术日益完善和成熟;采用蒸汽、惰性气体和热油等技术的炭化应用已经得到了大幅度的发展;木材炭化的生产和规模也在迅速扩大,制造炭化设备的企业数量逐渐增加,设备性能也在不断提升。近年来,一些专业化的大型和中型木材干燥企业相继出现。在我国,尽管生物质燃气炭化处理技术起步较晚,但经过近年的积极追赶,已接近国际先进水平。特别是特制的生物质燃气炭化处理设备具有独特优势,它能够利用木废料等生物质剩余产物作为燃料,这种设备更适合我国的国情。

尽管全球范围内炭化处理技术的研究与工业化结合已带来显著的经济和社会效益,但在研究与应用过程中仍存在诸多问题。例如,缺乏对炭化木材加工和利用的相关标准,难以明确质量等级划分;此外,当前的木材炭化技术多采用炭化箱、炉、窑或罐等方式进行,为营造高温炭化过程中所需的低氧或无氧环境,常使用水蒸气、惰性气体(如氮气)作为加热介质和保护性气体,或采用油浴热处理,这对热处理设备提出了较高要求;同时,热处理技术普遍存在能耗高、生产周期长等问题,生产工艺复杂,安全隐患较多,且水热处理副产品对环境的影响也不容忽视。

我国虽然在木材炭化领域起步较晚,但近年来的快速发展已取得显著成就。然而,我国木材炭化行业在技术规范、设备质量、配套元器件及基础研究等方面仍需进一步改进与提升。木材炭化方法应以生物质燃气炭化为主,并进一步发展短周期、低能耗、低成本、高质量的炭化技术;同时,炭化过程中的检测与控制技术亟待提高;节能、环保以及利用废料产生无害排放是木材炭化技术的发展方向。同时,我们应充分借鉴和利用国际先进的木材炭化处理技术和研究成果,结合我国森林资源状况,开展木材炭化处理技术研究,积极推广速生人工林的高效利用。

9.1.2 重组木

重组木是以旋切单板为原材料,采用纤维定向分离技术制备重组单元,经树脂浸渍、干燥和成型压制而成的一种新型木材。制备过程中性能可控、规格可调和结构可设计,产品具有优良的物理力学性能,可与优质的硬阔叶树材媲美;重组木具有天然木材的纹理及优异的物理力学性能,被视为大规格天然优质硬木的理想替代品,与传统的人工林木、竹材相比,重组木具有高强度、高尺寸稳定性和高耐候性等优点,并已经在港珠澳大桥、冬奥会、世界博览会、世界园艺博览会以及北戴河疗养区等数百项国家建设工程中得到大规模的推广应用。

重组木的制作工艺主要包含旋切、疏解、干燥、浸胶、定型和热固化等步骤,形成的材料有着耐腐蚀、防水、防火的优异性能,可用于户外建材、建筑、家具门窗、装饰、地板等。中小径级的速生材尤其适合作为重组木的原材料。我国在关键核心技术、产品和装备等方面具有国际领先水平并完全拥有自主知识产权。我国的重组木产业处于一个高速发展的阶段,目前在山东、浙江、江苏、江西、广西等地均有重组木工厂,产量约10万吨/年。目前国储林产木材中,大部分中等径级尺寸的原木会加工成旋切单板,由于受胶合板市场需求影响,单板的需求量下滑。因此,发展重组木产品,可以拓展对松材线虫病疫区的松科类木材的加工利用,实现产业升级,推动木材加工的高速发展。

9.2　科技项目申报

　　基于3个区县试点项目,成功申报2024年度重庆市科技局自然科学基金博士直通车项目"重庆市松材线虫病病害防御功能微生物资源收集及调控机制研究",为松材线虫病的科学防治提供新的思路和理论基础。重庆林投公司获批设立市级博士后科研工作站,依托"国家林业草原国家储备林工程技术研究中心",切实增强服务于国家储备林战略的科技支撑能力,实现松材线虫病疫木多样化处置和安全高值化利用,培育林业新质生产力,搭建林业创新高地,提升企业核心竞争力。

9.3　试点成果推广

　　根据改培试点过程中形成的监测检测数据、图文影像资料等,全面总结试点防治成效,展示试点改培效果;进一步凝练相关技术标准,总结形成相关科技论文,申请试点工作建设中有关专利;进一步提炼可复制、可推广的工作模式,推广应用试点工作成果,发挥示范、突破和带动作用,为全国松材线虫病防控与马尾松林改培工作提供参考。

参考文献

［1］叶建仁. 松材线虫病在中国的流行现状、防治技术与对策分析［J］. 林业科学，2019，55（9）：1-10.

［2］张扬，饶利军，何龙喜，等. 松材线虫病媒介昆虫种类及综合治理技术研究进展［J］. 生物灾害科学，2019，42（3）：171-178.

［3］ODANI K，SASAKI S，NISHIYAMA Y，et al. Early symptom development of the pine wilt disease by hydrolytic enzymes produced by the pine wood nematodes［J］. Drug Safety，2008，38（10）：1032.

［4］MYERS R F. Cambium destruction in conifers caused by pinewood nematodes［J］. Journal of Nematology，1986，18（3）：398-402.

［5］杨宝君. 松材线虫病致病机理的研究进展［J］. 中国森林病虫，2002，21（1）：27-31，14.

［6］KAWAZU K，ZHANG H，KANZAKI H. Accumulation of benzoic acid in suspension cultured cells of *Pinus thunbergii* Parl. in response to phenylacetic acid administration［J］. Bioscience，Biotechnology，and Biochemistry，1996，60（9）：1410-1412.

［7］KOJIMA K，KAMIJYO A，MASUMORI M，et al. Cellulase activities of pine-wood nematode isolates with different virulences［J］. Journal of the Japanese Forest Society，1994，76：258-262.

［8］何龙喜，吉静，邱秀文，等. 世界松材线虫病发生概况及防治措施［J］. 林业工程学报，2014，28（03）：8-13.

[9] HIRATA A, NAKAMURA K, NAKAO K, et al. Potential distribution of pine wilt disease under future climate change scenarios [J]. PLoS One, 2017, 12 (8): e0182837.

[10] 王曦茁, 曹业凡, 朴春根, 等. 韩国松材线虫病防控成效及启示[J]. 世界林业研究, 2022, 35(06): 94-100.

[11] 郭文霞. 国外松材线虫病防治策略和技术措施[J]. 河北林业科技, 2022(4): 47-53.

[12] FONSECA L, CARDOSO J M S, LOPES A, et al. The pinewood nematode, *Bursaphelenchus xylophilus*, in Madeira Island[J]. Helminthologia, 2012, 49 (2): 96-103.

[13] DE LA FUENTE B, SAURA S. Long-term projections of the natural expansion of the pine wood nematode in the Iberian peninsula[J]. Forests, 2021, 12(7): 849.

[14] SOLIMAN T, MOURITS M C M, VAN DER WERF W, et al. Framework for modelling economic impacts of invasive species, applied to pine wood nematode in Europe[J]. PLoS One, 2012, 7(9): e45505.

[15] 简尊吉, 倪妍妍, 徐瑾, 等. 中国马尾松林土壤肥力特征[J]. 生态学报, 2021, 41(13): 5279-5288.

[16] 吴帆, 朱沛煌, 季孔庶. 马尾松分布格局对未来气候变化的响应[J]. 南京林业大学学报(自然科学版), 2022, 46(2): 196-204.

[17] 闫宇航, 岑云峰, 张鹏岩, 等. 基于 MaxEnt 模型的中国马尾松分布格局及未来变化[J]. 生态学杂志, 2019, 38(9): 2896-2901.

[18] 王俊伟, 孙倩, 孙太元, 等. 松材线虫病综合防控技术研究进展[J]. 山东林业科技, 2024, 54(04): 91-99.

[19] 丛培经, 赵世强. 工程项目管理[M]. 6版. 北京: 中国建筑工业出版社, 2024.

[20] 闫闯, 宋崇康, 罗致迪, 等. 松材线虫病疫木除害技术综述[J]. 安徽农业科学, 2017, 45(19): 152-154.

[21] 张苏俊. 国产速生材在轻质木结构中的应用研究[D]. 南京: 南京林业大学, 2017.

[22] 于文吉. 我国重组材料科学技术发展现状与趋势[J]. 木材科学与技术, 2023, 37(1): 1-7.

［23］YU H X,FANG C R,XU M P,et al. Effects of density and resin content on the physical and mechanical properties of scrimber manufactured from mulberry branches［J］. Journal of Wood Science,2015,61（2）:159-164.

［24］陈松武,刘晓玲,陈桂丹,等. 高性能重组木研究进展及应用建议［J］. 林产工业,2023,60（9）:57-62.

［25］高旭东,亓燕然,范吉龙,等. 重组木制造技术研究进展与展望［J］. 木材科学与技术,2022,36（1）:22-28.

［26］宋玉双,叶建仁. 中国松林线虫病的发生规律与防治技术［M］. 北京:中国林业出版社,2019.

附　录

附录1　松材线虫常见寄主植物名录

序号	中文名	拉丁名	备注
1	奄美岛松	*Pinus amamiana*	NH
2	华山松	*P. armandii*	NH（CNH）
3	台湾果松	*P. armandii* var. *mastersiana*	NH
4	墨西哥白松	*P. ayacahuite*	IH
5	布拉墨西哥白松	*P. ayacahuite* var. *brachyptera*	IH
6	瘤果松	*P. attenuata*	IH
7	北美短叶松	*P. banksiana*	NH
8	白皮松	*P. bungeana*	NH（CNH）
9	加那利松	*P. canariensis*	IH
10	加勒比松	*P. caribaea*	NH（CNH）
11	瑞士石松	*P. cembra*	NH
12	美国沙松	*P. clausa*	NH（CNH）

续表

序号	中文名	拉丁名	备注
13	扭叶松	*P. contorta*	NH
14	库柏松	*P. cooperi*	IH
15	大果松	*P. coulteri*	IH
16	日本赤松	*P. densiflora*	NH（CNH）
17	千头赤松	*P. densiflora* 'Umbraculifera'	NH
18	杜兰戈松	*P. durangensis*	IH
19	萌芽松	*P. echinata*	NH
20	湿地松	*P. elliottii*	NH（CNH）
21	大叶松	*P. engelmannii*	NH
22		*P. estevesii*	NH
23	柔松	*P. flexilis*	IH
24	葵花松	*P. fenzeliana*	IH（CIH）
25	光松	*P. glabra*	IH
26	硬枝展松	*P. greggii*	NH（CNH）
27	乔松	*P. griffithii*	IH
28	地中海松	*P. halepensis*	NH
29	灰叶山松	*P. hartwegii*	IH
30		*P. himekomatus*	IH
31	岛松	*P. insularis*	IH
32	黑材松	*P. jeffreyi*	IH
33	卡西亚松	*P. kesiya*	NH
34	红松	*P. koraiensis*	NH（CNH）
35	华南五针松	*P. kwangtungensis*	IH（CIH）
36	糖松	*P. lambertiana*	IH
37	光叶松	*P. leiophylla*	NH
38	琉球松	*P. luchuensis*	NH（CNH）

续表

序号	中文名	拉丁名	备注
39	马尾松	*P. massoniana*	NH(CNH)
40	米却肯松	*P. michoacana*	NH
41		*P. montana*	NH
42	加州山松	*P. monticola*	NH
43	台湾五针松	*P. morrisonicola*	IH(CIH)
44	欧洲山松	*P. mugo*	NH
45	小干松变种	*P. murrayana*	NH
46	加州沼松	*P. muricata*	NH
47	欧洲黑松	*P. nigra*	NH
48	卵果松	*P. oocarpa*	NH
49	日本五针松	*P. parviflora*	NH
50	长叶松	*P. palustris*	NH(CNH)
51	展叶松	*P. patula*	NH
52	日本五叶松	*P. pentaphylla*	IH
53	扫帚松	*P. peuce*	IH
54	海岸松	*P. pinaster*	NH(CNH)
55	伞松	*P. pinea*	IH
56	西黄松	*P. ponderosa*	NH
57	拟北美乔松	*P. pseudostrobus*	NH
58	辛松	*P. pungens*	IH
59	辐射松	*P. radiata*	NH
60	多脂松	*P. resinosa*	NH
61	刚松	*P. rigida*	NH
62	刚火松	*P. rigida × P. taeda*	IH
63	喜马拉雅长叶松	*P. roxburghii*	IH
64	野松	*P. rudis*	NH

续表

序号	中文名	拉丁名	备注
65	晚松	*P. serotina*	IH
66	类球果松	*P. strobiformis*	IH
67	北美乔松	*P. strobus*	NH
68	恰帕斯五针松	*P. strobus* var. *chiapensis*	NH（CNH）
69	欧洲赤松	*P. sylvestris*	NH
70	荷玛赤松	*P. sylvestris* var. *hamata*	IH
71	樟子松	*P. sylvestris* var. *mongolica*	IH（CIH）
72	瑞格赤松	*P. sylvestris* var. *genrisis*	IH
73	火炬松	*P. taeda*	NH（CNH）
74	黄山松	*P. hwangshanensis*	NH（CNH）
75	油松	*P. tabuliformis*	NH（CNH）
76	日本黑松	*P. thunbergii*	NH（CNH）
77	黄松	*P. thunbergii* × *P. massoniana*（F1,F2）	NH
78	黄松×卡西亚松	*P. thunbergii* × *P. kesiya*（F1）	IH
79	黄松×油松	*P. thunbergii* × *P. tabuliformis*（F1）	IH
80	矮松	*P. virginiana*	NH（CNH）
81	云南松	*P. yunnanensis*	NH（CNH）
82	香脂冷松	*Abies balsamea*	NH
83	胶枞	*A. baesomea*	IH
84	温哥华冷杉	*A. amabilis*	IH
85	日本冷杉	*A. firma*	IH
86	北美冷杉	*A. grandis*	IH
87	日光冷杉	*A. homolepis*	IH
88	萨哈林冷杉	*A. sachalinensis*	IH
89	雪松	*Cedrus deodara*	NH
90	北非雪松	*C. atlantica*	NH

续表

序号	中文名	拉丁名	备注
91	美加落叶松	*Larix americana*	NH
92	欧洲落叶松	*L. decidua*	NH
93	美洲落叶松	*L. laricina*	IH
94	日本落叶松	*L. kaempferi*	NH(CNH)
95	美国西部落叶松	*L. occidentalis*	IH
96	长白落叶松	*L. olgensis*	NH(CNH)
97	华北落叶松	*L. gmelinii* var. *principis-ruppenhtii*	NH(CNH)
98	欧洲云杉	*Picea abies*	NH
99	加拿大云杉	*P. canadensis*	NH
100	恩氏云杉	*P. engelmannii*	IH
101		*P. excelsa*	NH
102	白云杉	*P. glauca*	NH
103	黑云杉	*P. mariana*	NH
104	北美云杉	*P. pungens*	NH
105	红云杉	*P. rubens*	NH
106	西特喀云杉	*P. sitchensis*	IH
107	花旗松	*Pseudotsuga menziesii*	NH
108	大果铁杉	*Tsuga mertensiana*	IH

注:①"NH"表示该树种是自然感病寄主;"IH"表示该树种是人工接种感病寄主;"CNH"表示该树种是中国自然感病寄主;"CIH"表示该树种是中国人工接种感病寄主。

②数据引自南京林业大学虚拟仿真实验教学共享平台。

附录2　松材线虫的媒介昆虫种类

序号	中文名	拉丁名	寄主植物	备注
1	松墨天牛	*Monochamus alternatus*	松属、云杉属、冷杉属、落叶松属、雪松属、栎属	★ *
2	云杉花墨天牛	*M. saltuarius*	松属、云杉属、落叶松属	*
3	加洛墨天牛	*M. galloprovincialis*	松属、冷杉属	*
4	卡罗来纳墨天牛	*M. carolinensis*	松属	*
5	白点墨天牛	*M. scutellatus*	松属、云杉属、冷杉属、落叶松属	*
6	南美墨天牛	*M. titillator*	松属、云杉属、冷杉属	*
7	松褐斑墨天牛	*M. mutator*	松属	*

注:①★为我国松材线虫病传播媒介昆虫,＊为松材线虫病传播媒介昆虫。

②数据引自辽宁林业科技文献《松材线虫病媒介昆虫天牛种类及防治综述》徐炜超等,2024 年第 5 期。